메뉴개발을 위한

알기쉬운

조리원리

안미령 · 유주연 · 전태연 · 강병남 · 박춘호
이나겸 · 이선영 · 이윤정 · 황경희 · 황보미향

㈜지구문화
JIGU CULTURE Co.Ltd

머리말

오늘날 시대변천에 따라 식생활이 다양하게 변화되고 외식산업이 발전하면서 음식의 맛 뿐만 아니라 건강을 위한 영양에도 관심이 높아지고 있습니다.

따라서 외식산업분야에서 전문적 지식을 갖춘 조리사의 필요성이 점점 부각되고 있으며, 조리는 이제 단순한 기능적인 스킬뿐만 아니라 식품의 성분, 기능, 물리 · 화학적 특성 등에 대한 이해를 바탕으로 원리와 원칙에 의거한 과학적 접근이 필요한 분야로 인식되고 있습니다.

조리를 위한 식품선택에 있어 각 식품의 성분, 기능 등을 파악하여 가장 적합한 식재료를 선택하고 조리조작과 조리과정에서 일어나는 물리 · 화학적 특성 및 변화 등에 대한 원리를 적용합니다. 이러한 과학적 접근을 통해 식품의 영양적 가치와 기호성을 증진시키고 위생적으로 안전한 조리를 하게 함으로써 행복한 식생활과 건강향상에 도움이 되는 요리를 할 수 있습니다.

이 책은 모두 17장으로 구성하고, 각 장은 식품재료별로 구분하였으며, 각 장마다 식품의 분류, 식품의 구성성분, 식품의 종류, 식품의 조리특성 및 변화, 식품의 조리 이용으로 구성하였습니다. 또한 화학적 변화와 특성, 성분, 저장, 보관방법 등을 이해하기 쉽게 설명하였으며, 조리 및 외식산업 전공자들에게는 조리의 과학적인 원리를 알고 조리를 함으로써 현장에서 좀 더 체계적인 조리가 이루어질 수 있도록 할 뿐만 아니라 조리에 관심이 있거나 조리를 하고자 하는 모든 분들에게도 조리에 쉽게 접근할 수 있도록 도움을 주고자 노력했습니다.

좋은 교재를 만들기 위해 저자들이 열심히 집필하였으나 부족한 부분이 있을 것으로 사료됩니다. 부족한 부분은 앞으로 계속 수정 · 보완하여 보다 나은 조리 이론의 지침서가 되도록 노력하겠습니다.

책이 완성되기까지 많은 도움을 주신 지구문화사 주병오 사장님, 주민기실장님, 편집 직원들께 감사드립니다.

계묘년 입추에

저자 일동

차례

· 머리말 / 3

Chapter 01 조리원리 개론

Section 1 조리의 정의 및 목적 10
2 조리와 물 10
3 조리와 열 13
4 계량과 조리기구 15

Chapter 02 조리방법

Section 1 기본조리 조작 19
2 본조리 방법 28

Chapter 03 곡류 및 전분

Section 1 곡류의 분류 39
2 곡류의 구조 39
3 곡류의 구성성분 40
4 곡류의 조리 41
5 곡류를 이용한 식품 46
6 전분의 성질과 조리특성 47

Contents

Chapter 04 밀가루

Section 1 밀의 분류와 구조 56
2 밀의 제분과 숙성 58
3 밀가루의 종류 58
4 밀가루의 구성성분 59
5 밀가루의 조리특성 61
6 밀가루를 이용한 식품 68

Chapter 05 서류

Section 1 서류의 구성성분 70
2 서류의 종류와 조리이용 70

Chapter 06 당류

Section 1 당의 특성 80
2 당류의 종류 및 기능 82
3 당류의 조리특성 86

차례

Chapter 07 두류

Section 1 두류의 분류 ······ 89
2 두류의 성분 ······ 90
3 두류의 종류 ······ 92
4 두류의 조리특성 ······ 95

Chapter 08 과일류

Section 1 과일의 성분 ······ 108
2 과일의 분류 및 종류 ······ 109
3 과일의 숙성과정 변화 ······ 117
4 과일의 조리 시 변화와 특성 ······ 120
5 과일의 조리 및 이용 ······ 123
6 과일의 저장 ······ 128

Chapter 09 채소류

Section 1 채소의 성분과 분류 ······ 130
2 채소의 조리특성과 변화 ······ 132
3 채소의 조리 및 이용 ······ 144
4 채소의 보관 및 저장 ······ 147

Contents

Chapter 10 해조류 및 한천

Section 1 해조류의 성분 151
2 해조류의 분류 및 종류 152
3 한천의 성분과 제조 158
4 한천의 특성 158
5 조리 시 첨가물의 영향 159
6 한천의 이용 161
7 젤라틴과 한천의 특성 비교 162

Chapter 11 버섯류

Section 1 버섯류의 성분 164
2 버섯류의 종류와 이용 165

Chapter 12 유지류

Section 1 유지의 구조 169
2 유지의 종류 170
3 유지의 특성 174
4 유지의 산패 178
5 유지의 조리특성 179

차례

Chapter 13 육류

Section 1 육류의 구조 182
2 육류의 종류 184
3 육류의 성분 186
4 육류의 사후경직과 숙성 187
5 육류의 색 188
6 육류의 품질등급 189
7 육류의 조리 특성 189
8 육류의 조리 및 이용 192

Chapter 14 어패류

Section 1 어패류의 분류 198
2 어패류의 성분 200
3 어패류의 사후변화 204
4 어패류의 선도 206
5 어패류의 손질 206
6 어패류의 조리 및 이용 208
7 어패류의 저장 210

Contents

Chapter 15 달 걀

Section 1 달걀의 구조 212
2 달걀의 성분 214
3 달걀의 특성 216
4 달걀의 조리 및 이용 219
5 달걀의 품질평가 221
6 달걀의 저장 223

Chapter 16 우유 및 유제품

Section 1 우유의 성분 225
2 우유의 조리특성 228
3 우유의 가공 230

Chapter 17 조미료 및 향신료

Section 1 조미료 238
2 향신료 245

- 참고문헌 / 251
- 찾아보기 / 252

Chapter 1

조리원리개론

Section 1 조리의 정의 및 목적

1. 조리란?

인간은 식품재료를 영양적 · 위생적으로 섭취하고 식품의 특성을 향상시켜 기호성을 좋게 만들며 건강을 증진시키기 위해 음식을 조리하여 먹는다. 음식은 그 민족의 역사, 자연환경, 문화의 변천에 영향을 받아 고유한 전통문화를 계승시키는 수단이 된다. 이같이 조리는 넓은 의미로는 식사계획에서부터 식품재료의 준비, 선택, 조리과정을 거쳐 식탁에 차려지는 모든 과정을 말한다.

2. 조리의 목적

조리는 조리조작과 조리과정에서 일어나는 식품의 성분, 물리 · 화학적 특성 및 변화, 조직 등에 대한 원리를 찾아내고 이를 체계화하여 식품에 함유되어 있는 영양소를 보존, 유해성분 제거, 소화흡수율 증가, 영양소 파괴 방지, 풍미와 질감 증진, 안전성 증가, 식품의 저장 기간 연장 등을 할 수 있다.

Section 2 조리와 물

1. 물의 성질

식품에 널리 존재하며 독특한 특성을 갖고 있는 물은 여러 물질의 용매로 작용하고 조리에서는 열을 전달하는 열매체로서 전분의 호화, 효소의 불활성 등을 일으킨다. 물의 구조는 두 개의 수소원자와 한 개의 산소원자가 결합되어 있는 형태이다. 물은 1기압하에서는 100℃에서 끓고, 0℃에서 언다. 비중은 4℃에서 1로 최대이며 얼음은 물보다 가볍다.

(1) 끓는점

물은 일정한 압력과 온도에서 기화가 시작되는데, 이때 기화가 시작되는 온도를 끓는점(boiling point)이라 한다.

(2) 어는점

순수한 물은 0℃에서 얼지만 수용액(물 + 용질)은 물보다 어는점(freezing point)이 낮아진다.

2. 용매로서의 물

자유수는 유리수라고도 하며 식품 중 염류, 당류, 수용성 단백질과 비타민 등 가용성 물질을 녹이거나 전분, 지질 등과 같은 불용성 물질을 분산시킬 수 있는 용매로 작용하는 물이다. 결합수는 다른 분자에 단단히 결합되어 용매로서 작용하지 못하는 물이다.

3. 분산상태

식품은 둘 또는 그 이상의 물질로 이루어진 혼합물 또는 분산된 상태인데 식품의 종류에 따라 다르며 식품에서 나타날 수 있는 분산 상태는 물에 고체, 액체, 기체가 분산질로 고르게 펴져 있다. 식품의 분산 형태를 결정하는 데 중요한 것은 분산되는 분자 또는 입자의 크기로 진용액, 교질용액, 현탁액으로 나눌 수 있다.

(1) 진용액

조리에서 소금이나 설탕은 물에 완전히 용해되어 진용액을 형성하는데, 소금물과 설탕물에서 소금과 설탕 분자는 용질이고 물은 용매이다.

① **용액** : 어떤 물질이 다른 한 물질속에 용해되었을 때 균질상태를 형성하는 것
② **용질** : 용액에 용해되는 물질
③ **용매** : 용질을 용해시키는 물질

(2) 교질용액

교질용액은 진용액보다 분산질 크기가 커서 용해되거나 침전되지 않고 분산되어 퍼져있는 상태를 교질용액이라 한다.

① 졸(sol)과 겔(gel)

액체에 콜로이드 입자가 분산되어 흐를 수 있는 상태를 '졸'이라 한다. '졸'상태의 용액이 온도, pH 등의 요인으로 인해 흐르지 않고 굳은 상태를 겔이라 한다. 겔의 종류에 따라 다시 졸로 되돌아가는 현상을 가역적 겔이라고 한다.

가역적 겔의 대표적인 예는 사골국을 끓여 냉장고에 보관하면 말랑말랑한 겔이 되는데 이를 다시 끓이면 처음 상태로 돌아가게 되는 현상을 말한다.

② 유화(emulsification)

서로 혼합되지 않는 물질을 흔들어 준다거나 제3의 물질을 첨가하면 혼합된 상태가 된다. 이와 같이 섞이지 않는 두 가지 물질이 혼합된 상태를 유화라 한다.

③ 유화액(emulsion)

유화액은 하나의 액체가 서로 섞이지 않는 다른 액체 내에 작은 방울로 분산되어 있는 콜로이드계 상태를 유화액이라 하며 서로 섞이게 도와주는 물질을 유화제라 한다. 유화액은 종류에 따라 수중유적형(oil in water, O/W) 유화액과 유중수적형(water in oil, W/O) 유화액으로 분류한다.

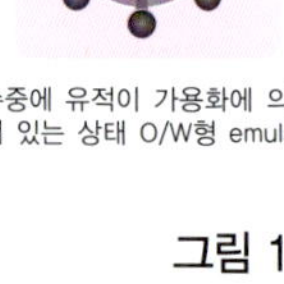

수중에 유적이 가용화에 의해서 떠 있는 상태 O/W형 emulsion

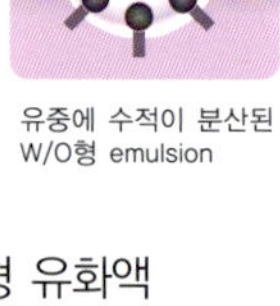

유중에 수적이 분산된 W/O형 emulsion

그림 1-1 수중유적형 유화액

(3) 현탁액(suspension)

현탁액은 분산되어 있는 물질로 물에 용해되지 않고 가라앉는다. 용액을 저어 주면 분산상태이지만 그대로 두면 중력에 의해 쉽게 가라앉는다.

예 물에 전분이나 밀가루를 풀어 놓은 상태에서 뿌옇게 분산되었다가 가라앉는 현상

Section 3 조리와 열

1. 열의 이동

식품에 직접 열을 전달하는 것을 열매체라고 하며, 열매체로는 물, 기름, 공기 및 수증기 등이 있다. 열원에서 식품으로의 열 이동형식은 전도, 대류, 복사의 세 종류가 있다. 조리과정에서 이것이 단독으로 또는 복합적으로 식품에 열을 전달하고 열손실을 가져온다.

(1) 전도(conduction)

전도는 접촉한 두 물질 사이에서 분자운동이 전달되어 열이 이동하는 현상으로 물질의 이동 없이 열에너지가 높은 온도에서 낮은 온도로 이동한다.

예를 들어, 프라이팬은 열원에 직접 접촉되어 바닥으로부터 열이 전달되면서 전체가 뜨거워지는 것을 말한다. 이때 열전도는 열이 전달되는 정도를 말하는데, 열전도율이 큰 것은 열이 빨리 전달되고 열전도율이 적은 것은 온도가 상승하기 어렵다.

조리기구의 재질은 은, 구리, 알루미늄, 철 등 금속재이며, 유리나 도자기보다 열전도율이 커서 열을 전달하기 쉽다.

(2) 대류(convection)

대류는 밀도가 높은 곳에서 낮은 곳으로 이동하는 현상으로 대류에 의한 열의 전달은 공기 · 기름 · 물 등을 통해 이루어진다. 온도가 낮아지면 부피는 작아지고 밀도가 커져서 아래로 내려오게 된다. 이런 밀도의 차에 의해 액체나 기체가 이동

하면서 열이 전달되는 현상이 대류이다.

대류에 의한 열 전달방식의 조리는 공기, 물, 기름 등을 통하여 이루어진다. 조리의 예로는 수프, 찜, 튀김, 굽기 등이 있다. 이때 대류에 의해 전달되는 속도는 복사와 전도의 중간정도이다.

(3) 복사(radiation)

복사는 열에너지가 열원으로부터 전달해 주는 물질없이 직접 식품에 전달되는 현상을 말한다. 복사에 의한 가열의 예로써 가스, 장작, 숯, 석탄 등의 불꽃을 직접 이용하는 것과 토스트나 오븐기에 오는 열을 직접 이용하는 것이다.

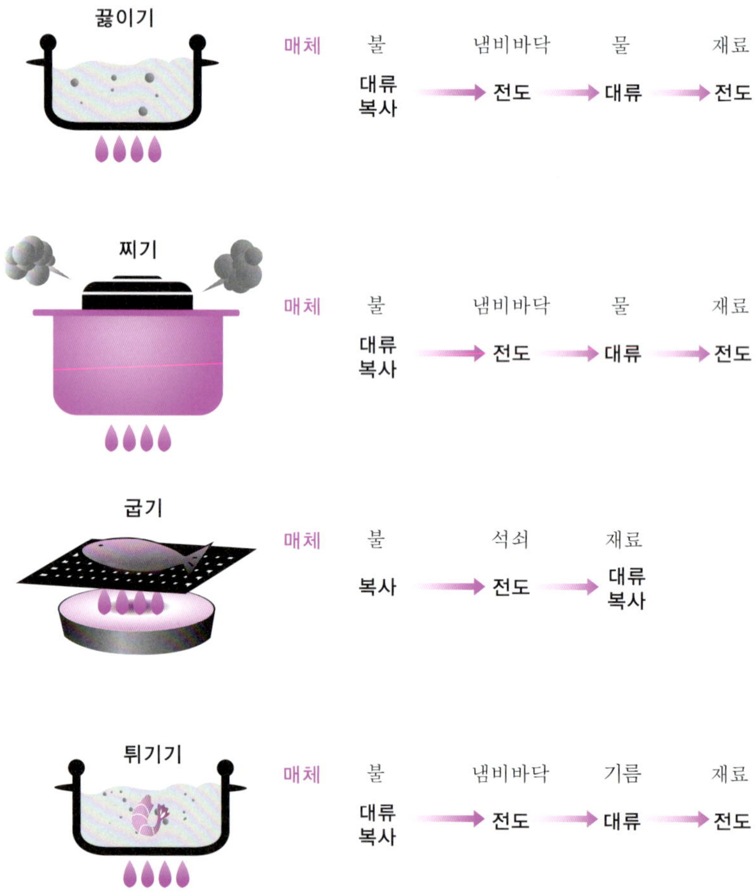

그림 1-2 조리시 열의 이동

조리기구의 재질은 복사열 흡수에 영향을 주는데 표면이 검은색이거나 거친 것일수록 복사열의 흡수는 크다. 복사열을 이용한 조리방법에는 토스터, 전자레인지 요리 등이 있다.

Section 4 계량과 조리기구

식품의 재료나 조미료를 정확하게 계량하는 것은 조리의 표준화와 조리작업의 시스템화를 위해 중요하다. 정확한 계량을 위해서는 적합한 계량기구의 사용과 올바른 사용기술이 필요하다. 예를 들어 부피를 측정할 때는 액체 표면의 아랫부분을 눈과 같은 높이로 맞추어 읽어야 하고, 저울을 사용할 때는 눈금을 0으로 맞춘 후 재료를 올려놓고 측정해야 한다.

1. 계량단위

조리과정에 필요한 식재료의 계량은, 우리나라에서는 주로 미터법을 사용하는데 미터법에서는 부피의 단위를 리터(L)로 무게는 그램(g)을 사용한다. 서양에서는 주로 다음 표 1-1의 단위를 사용한다.

표 1-1 미터법으로 바꾼 상용 단위

단 위	상용 단위	미터법 단위
무 게	1파운드 (lb)	453.6 g
	1온즈 (oz)	28.25 g
부 피	1갤런 (G, gal)	3.8리터 (L)
	1쿼트 (gt)	946.4 mL

2. 계량기구

(1) 중량

중량을 측정할 때는 일반적으로 저울을 사용한다. 중량으로 계량하는 것이 정확하지만 소량을 조리할 때는 편리성을 고려해서 용량으로 환산하여 계량스푼을 사용하는 것이 간편하다.

표 1-2 계량스푼 및 계량컵의 계량단위

단 위		부 피
1작은술(tea spoon, ts)		5mL
1큰술(table spoon, TS)		15mL
1컵(cup, C)	미터법	200mL
1컵(cup, C)	쿼트법	240mL

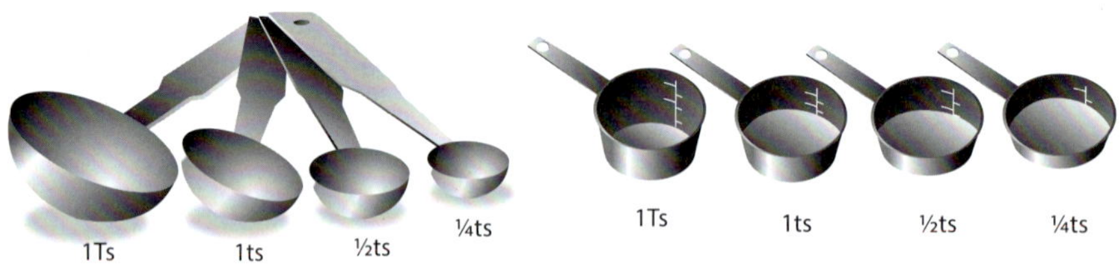

그림 1-3 계량컵 및 계량스푼

(2) 무게

식품의 무게를 측정하는 것은 부피로 계량하는 것보다 더 정확하여 많이 사용되고 있다. 주의할 점은 반드시 저울을 수평으로 하며 '0' 점을 맞추어 사용하도록 한다.

3. 계량방법

(1) 고체

① 밀가루

밀가루는 입자가 미세하고 균일하지 않아 반드시 체에 친 후 계량컵에 수북이 담고 밀가루를 직선으로 된 칼 또는 스패튤러를 이용해 수평으로 깎아서 계량한다.

그림 1-4 밀가루 계량법

② 설탕

백설탕은 덩어리가 없는 상태로 누르지 않고 계량컵이나 계량스푼으로 계량한다. 흑설탕은 설탕 표면에 당밀이 남아 있어 서로 밀착시키려는 경향이 있으므로 꾹꾹 눌러 담아 수평으로 깎아서 계량 후 엎었을 때 계량기구의 형태가 나타나도록 한다.

③ 지방

버터, 마가린, 쇼트닝의 경우 부피측정 시 실온 상태의 반고체 상태로 컵에 빈 공간이 없도록 꾹꾹 눌러 수평으로 깎아서 계량한다.

그림 1-5 고체 계량법 찾기

(2) 액체

액체측정 시에는 실린더와 같이 투명한 기구를 사용하여 액체 표면 아랫부분을 눈과 수평으로 하여 읽는다. 꿀이나 기름과 같이 점성이 높은 액체는 할편컵을 사용하는 것이 좋다.

그림 1-6 액체의 눈금 읽기

Chapter 2
조리방법

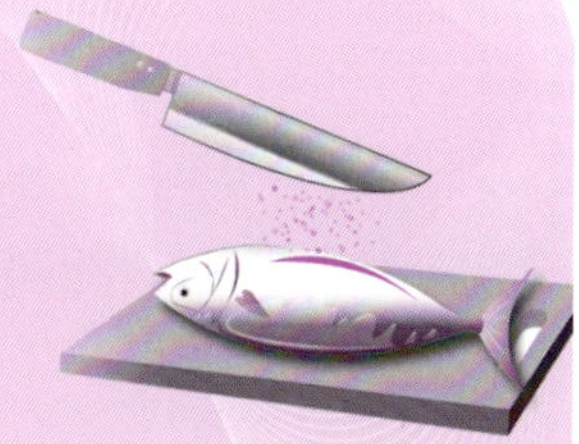

Section 1 기본조리 조작

1. 기본조리 조작

(1) 다듬기

다듬기 과정은 식재료를 조리할 수 있도록 전처리 하는 과정으로 다듬기를 통해 식재료의 비가식 부분이 제거된다. 식품 전체 무게 중 버려지는 부분의 비율을 폐기율이라고 하는데, 육류나 어패류는 뼈와 내장 및 껍질로 인해 폐기율이 높고 이에 비해 채소류나 곡류는 폐기율이 낮다.

$$\text{폐기율}(\%) = \frac{\text{폐기되는 식품의 무게(g)}}{\text{식품 전체의 무게(g)}} \times 100$$

(2) 씻기

조리를 위생적으로 하기 위하여 가장 먼저 행하는 과정이 씻기이다. 씻는 과정을 통해 식품에 부착된 흙이나 이물질 등의 불순물, 기생충알, 농약 등의 유해성분이 제거되도록 한다.

① 채소 및 과일류

씻을 때에는 주로 흐르는 물에서 씻는 것이 효과적이지만, 채소나 과일같이 표면에 굴곡이 있는 식품은 물의 표면장력으로 인하여 물만으로는 파인 곳까지 깨끗이 씻기가 어렵다.

채소류나 과일류는 전용 세정제(중성세제 : 0.2%)를 사용하면 물의 표면장력이 저하되고 유화력이 작용하므로 식품의 요철부분까지 침투가 가능하여 깨끗이 씻을 수 있다.

세제를 사용할 경우는 사용기준에 따라 단시간에 씻고 깨끗이 헹구어 세제가 식품에 남지 않도록 한다. 씻을 때는 같은 양의 물로 한 번 씻는 것보다 물을 나누어 여러 번 씻는 것이 효과적이다.

② 어패류

식품은 위생적 측면에서는 물로 충분히 씻어야 하지만 식품 중에 함유되어 있는 영양소가 세정으로 인해 손실될 수 있으므로 주의해야 한다. 어패류는 가능하면 비늘, 지느러미, 내장 등을 제거한 후에 씻는 것이 좋으며, 생선 자체를 자른 후 씻는 것은 피한다. 자른 후 씻으면 영양소와 맛난 성분이 손실되기 때문이다.

또한, 생선의 비린내는 주로 체표면의 점액에 많이 함유되어 있으므로 잘 씻으면 비린내를 감소시킬 수 있다. 생선 표면의 미끈거림은 당류와 단백질이 결합한 점성물질로 세균이나 오염물질이 다량 부착되어 있다.

미끈거림은 물에 강하여 제거되지 않으나 소금물에는 녹으므로 소금을 사용하여 씻으면 제거하기 쉽다. 생선은 바닷물 정도의 농도(2~3%)인 소금물로 씻고, 조개는 소쿠리에 넣어 소금물에 담가 흔들어 씻는다.

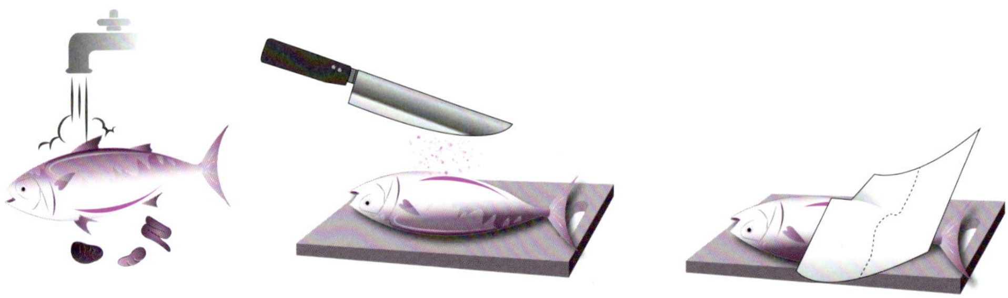

아가미와 내장을 제거 후 흐르는 물에 깨끗이 씻는다.

소금으로 생선표면의 점액을 제거한다

생선에서 배어나온 물기나 피는 키친타월로 닦는다.

그림 2-1 생선 전처리 방법

씻기는 위생적인 이유 외에 색이나 외양을 좋게 하기도 하며, 맛이나 질감을 개선하기도 한다. 시금치를 데쳐 바로 찬물에 헹구어 색의 변화를 막는 것이나 국수를 삶은 후 찬물에 헹구어 호화를 중지시키는 것이 그 예이다.

현명하지 못한 방법

밝은 장소에서 바닥이 깊은 용기에 두면 모래가 조금밖에 나오지 않는다.

현명한 방법

어두운 곳에서 바닥이 평평한 용기에 서로 포개지지 않게 놓으면 모래를 많이 토해내고 아미노산도 증가한다.

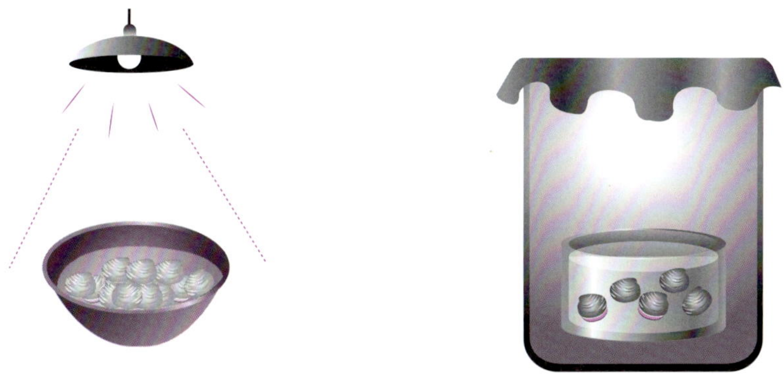

그림 2-2 패류 해감법

톡톡 정보

• 쌀 씻는 요령

쌀을 씻을 때 씻는 횟수가 적을수록 수용성의 비타민 B군의 손실이 적으므로 3회 정도 씻는 것이 적당하다. 또한 쌀을 씻은 후에 오래도록 불리는 것은 쌀겨 냄새가 나는 원인이 되기도 할 뿐만 아니라 밥알의 모양도 뭉개져 밥맛이 떨어지므로 좋지 않다.

(3) 담그기와 불리기

식품을 물이나 조미액에 담그는 과정으로 식품 내의 수분함량을 증가시켜 조직을 연화시키고 식품의 불미성분과 불필요한 성분을 제거하며 변색 방지와 조미료를 침투시키는 효과가 있다.

① 건조식품의 수분흡수

곡류, 두류, 어패류, 채소류, 해조류를 말린 건조식품은 가열하기 전에 물에 담가 건조하기 전과 동량으로 수분을 흡수시키면 조직이 연화되고 팽윤하여 열전도가 빠르게 된다.

건조식품이 수분을 흡수하는 속도는 수온이 높을수록 빠르며, 흡수량은 흡수속도와 흡수시간에 의하여 결정된다. 건조식품이 수분을 흡수하면 무게가 증가하는데, 쌀은 보통 1.2~1.3배, 미역은 8~9배로 증가한다.

식품을 조리할 때는 증가한 양을 고려하여 조미료와 양념을 사용해야 한다. 식품을 담근 경우에는 용액에 수용성 영양성분과 맛 성분이 용출되므로 필요 이상 담그지 않고, 담근 용액을 조리에 이용하는 것이 바람직하다.

표 2-1 건조식품의 수분 흡수 후 중량비

건조식품	중량비(배)	건조식품	중량비(배)
미역	7~8	해삼	4~5
다시마	4~5	홍합	2~3
당면	3~4	쌀	1.2~1.3
표고버섯	4~5	콩	2~3

② 식품 성분의 용출

우엉, 고사리, 도라지를 물에 담그면 수용성의 쓴맛, 떫은맛, 아린맛과 불미성분 등을 제거할 수 있다. 또한 자반고등어나 염장식품은 그대로 조리하면 짠맛이 강하므로 물에 담가 염분기를 제거하여 조리하는 것이 좋다. 이 때 1.5% 정도의 소금물을 사용하면 삼투압의 작용에 의해 염분을 효과적으로 제거할 수 있다. 또한 다시마로 육수를 만들 때는 물에 담가 좋은 맛 성분을 침출시켜 사용한다.

③ 식물의 변색방지

감자, 사과, 우엉, 연근 등의 껍질을 벗겨 공기 중에 놓아두면 갈변되는데 이는 공기 중의 산소에 의해 식품 내에 존재하는 폴리페놀 산화효소가 폴리페놀화합물을 산화시켰기 때문이다. 이와 같은 갈변 현상을 방지하기 위해서는 물에 담가 산소를 차단하거나 1%의 소금물이나 식초물에 담가 효소의 활성을 억제시킨다.

④ 조미료의 침투

식품을 조미액에 담그면 삼투압 작용으로 맛성분이 식품에 배이는 효과가 있어서 농도가 진한 조미액에 오래 담가두면 저장성이 증가된다.

또한 조미료를 넣을 때는 설탕 · 소금 · 식초 · 간장 등의 순서로 넣는데, 그 이유는 분자량과 확산계수에 의해 침투가 느린 순으로 넣어야 하기 때문으로 설탕 다음 소금을 넣는다. 그리고 식초, 간장은 휘발성분이 있어서 정미성분이 손실되므로 나중에 넣는다.

⑤ 그 밖의 담그기 요령

고기의 핏물을 제거하거나 양상추와 같은 채소를 찬물에 담가 아삭거리는 물리적 성질의 향상을 위해서도 담그기를 한다. 채소를 공기 중에 방치하면 수분이 날아가 팽압이 감소하여 시들게 되지만 물에 담그면 채소 세포 속의 농도가 평형을 유지하기 위해 물이 세포 속으로 들어가면서 팽압이 회복되어 채소는 아삭아삭해진다.

(4) 썰기

썰기는 가장 많이 사용되는 조리조작 과정으로 썰기의 목적은 식품의 불필요한 부분의 제거와 먹기 좋은 형태로 만들거나 모양이나 크기를 보기좋은 형태로 만드는 것이다. 또한 식품의 표면적을 증가시켜 열전도율을 높이고, 조리시간을 단축시켜 조미료의 침투를 용이하게 하며 소화흡수도 증가시킨다.

써는 방법에 따라 식품 맛에 영향을 줄 수 있기 때문에 썰 때는 식품의 특성을 파악해서 썰어야 한다. 예를 들면 육류와 같이 섬유의 방향이 있는 경우는 섬유의 방향과 직각으로 썰어야 섬유 길이가 짧아져 질감이 부드럽다.

그러나 음식의 고명으로 사용하기 위해 채썰기를 할 때는 섬유의 방향과 평행으로 자른다. 또한 육류나 생선류는 세포막이 약하므로 채소처럼 눌러서 칼을 앞뒤로 잡아당기며 썰지 않고 한 번에 썰어야 세포 안의 감칠맛 성분이 빠져나오지 않는다.

표 2-2 썰기의 형태 및 방법

모 양	한 국	서 양
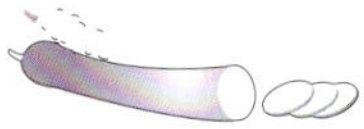	통썰기	rondelle
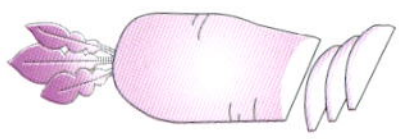	반달썰기	half moon
	막대썰기	batonnet
	어슷썰기	diagonal
	채썰기	julienne
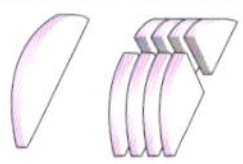	은행잎썰기	
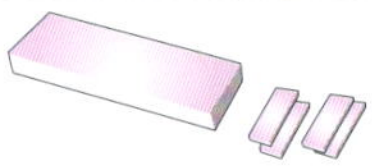	골패쪽썰기	
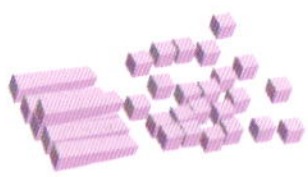	깍둑썰기	dice
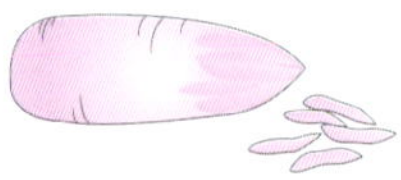	깎아썰기	shred
	다지기	chopping
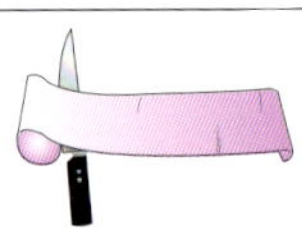	돌려깎기	

(5) 으깨기, 갈기 및 다지기

① 으깨기(mashing)

수분이 비교적 많은 부드러운 식품인 삶은 감자나 달걀 등의 고형재료를 익혀서 고운 입자 상태로 만드는 방법으로 뜨거울 때 고운체에 내려 으깨기도 하고 수저로 으깨기도 한다.

② 갈기(grinding)

수분함량이 적은 건조물을 믹서나 그라인더(grinder)를 이용하여 미세한 입자로 만드는 것으로 소화율을 증대시키고 입안에서의 촉감이나 풍미에 변화를 준다. 쌀가루, 미숫가루, 후춧가루, 고춧가루 등을 만들 때 사용한다.

③ 다지기(mincing)

마늘, 생강 등의 채소를 일정한 크기의 아주 작은 조각으로 자르는 것으로 조리 용도에 따라 크기가 달라진다. 민싱(mincing)은 초핑(chopping)보다 더 작은 조각으로 자르는 것이다.

(6) 섞기와 젓기

식품의 재료를 균질화하고 가열하거나 냉각시킬 때 열의 전도를 균일하게 하기 위해 사용하는 섞기(mixing)는 다양한 방법들이 있다. 젓기(stirring)는 재료가 부드러워질 때까지 젓거나 휘저어 주는 것을 말한다. 믹싱(mixing)은 서로 다른 2개 이상의 재료를 섞어 주는 것을 말한다.

블렌딩(blending)은 두 개 이상의 재료들을 블렌더(blender)를 이용하여 모두 합쳐질 때까지 충분히 잘 혼합하도록 섞는 것으로 믹싱보다 더 잘 섞이게 하는 것을 말한다. 휘핑(whipping)은 거품기를 사용하여 공기를 달걀흰자나 생크림과 같은 식품에 주입하여 부피를 증가시키는 것이다.

무침이나 조림은 섞기과정에서 조미액이 균일하게 침투되어 맛을 증가시킬 수 있다.

(7) 짜기(squeezing)

식품에 물리적인 힘을 가해 압착 · 여과하여 액을 만들거나 물기를 짜내는 방법(squeezing)은 고형물과 액즙을 분리하기 위한 목적으로 교반, 혼합 등과 함께 행한다. 과일 주스, 두부의 물기 짜기 등이 있다.

(8) 밀기(stretching)

반죽의 밀기는 두께를 얇게 하여 내용물을 싸거나 조직의 균질화를 목적으로 한다. 만두피나 국수, 우동면, 파이를 제조할 때 사용한다.

(9) 빚기(moulding)

성형은 조리재료의 모양을 만들거나 다듬는 조작으로 만두를 만들 때처럼 손으로 빚거나 테린(terrin)이나 젤리(jelly) 등을 만들 때처럼 성형 도구를 이용할 수도 있다.

(10) 냉각(cooling)

냉각은 가열조리된 음식의 온도를 내리는 조작으로 자연적으로 식히는 경우와 냉수나 냉장고에 넣어 식히는 경우가 있다. 조리된 일부 음식은 식히는 과정에서 응고되므로 묵이나 젤리처럼 졸(sol)을 겔(gel)화 하거나 샐러드와 냉채와 같이 냉각한 후 음식을 차게 하여 맛이 좋아지게 하는 목적으로 사용한다.

식품을 빠르게 냉각하기 위해서는 식품 주위의 열전도율을 높이고 표면적을 크게 하며 온도 차이를 많이 나도록 해준다. 따라서 찬공기보다는 찬물이 효과가 높고 얼음물에 담그는 것이 더욱 효과적이다. 또한 식품의 크기를 작고 얇게 하는 것이 냉각속도가 빠르다.

(11) 냉동(freezing)

냉동은 식품의 저장방법 중 하나로 식품을 0℃ 이하로 냉각시켜 식품 내의 수분을 동결시키는 방법이다. 냉동은 식품의 온도를 빙점 이하로 낮추어 함유된 수분을 얼게 함으로써 미생물의 번식을 억제하고, 식품 중의 효소작용 및 산화를 억제하여 품질의 저하를 방지한다. 냉각 시 생성되는 얼음의 결정은 동결이 완료되는데 걸리는 시간이 짧을수록 미세한 얼음결정의 크기가 형성되어 식품의 조직파괴가 적다.

반대로 동결이 서서히 진행되면 얼음결정이 커져서 식품의 세포조직이 파괴되므로 해동 시 세포로부터 수분이 많이 빠져나오는 드립(drip) 현상이 발생한다. 따라서 미세한 결정 생성을 위해서는 −40℃ 이하에서 급속 동결시키는 것이 식품의 질감에 영향을 적게 미친다.

톡톡 정보

- 냉동화상(freezer burn)

  식품 표면이 다공성이 되어 공기와 접촉면이 커지면서 지방의 산화, 단백질의 변성, 풍미의 저하가 발생하는 현상.

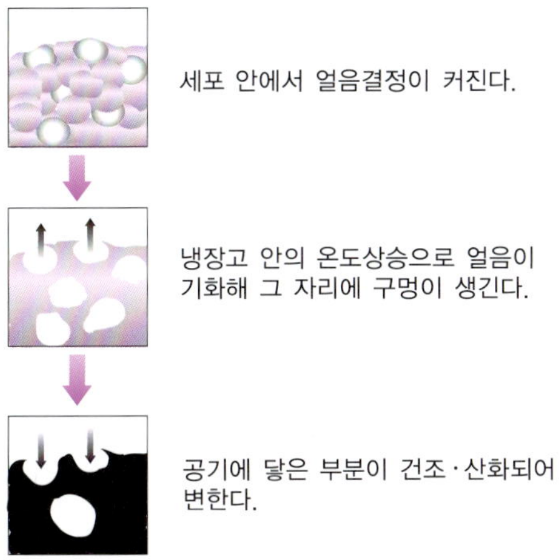

그림 2-3 냉동화상의 메커니즘

(12) 해동(thawing)

해동은 냉동한 식품을 냉동 전의 상태로 만들기 위해 녹이는 것으로 해동방법에는 급속해동과 완만해동이 있다. 냉동제품을 해동할 때는 0℃에 가까운 온도에서 천천히 해동하여 표면과 중심부의 온도 차이를 적게하는 것이 원래 상태로 회복하기가 쉬우므로 완만히 하는 것이 좋다.

급속해동의 경우 반조리 또는 조리된 상태의 냉동식품을 그대로 가열하거나 전자레인지를 이용한다. 뜨거운 물에 넣어 급하게 해동하게 되면 유출물(drip)의 생성이 많고 염류, 비타민류 등 수용성 영양성분의 손실이 커져 식품의 맛과 질이 감소한다.

그러므로 해동은 냉장고나 흐르는 물, 실온의 서늘한 곳에서 하는 것이 좋고 일단 해동된 식품은 다시 냉동시키지 않도록 한다.

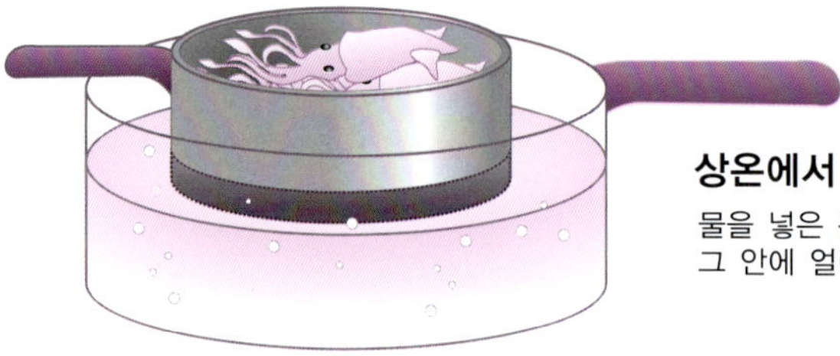

상온에서 신속히 해동하는 방법

물을 넣은 큰 냄비 속에 작은 냄비를 띄워
그 안에 얼린 고기나 생선을 넣는다.

얇은 부분만 집중해서 가열되지 않도록 하는 방법

마이크로파는 금속성의 알루미늄호일을 통과하지 못하므로
호일로 싼 부분은 가열되지 않는다.

그림 2-4 식품의 해동방법

Section 2 본조리 방법

일반적으로 식품의 조리방법은 재료를 생 것 그대로 이용하는 생식조리법과 가열 과정을 거쳐 익히는 가열조리법으로 구분하고 가열조리법은 습열조리법, 건열조리법, 복합조리법으로 나눈다.

1. 생식조리법

식품 고유의 색과 맛, 향, 질감을 살려 신선한 상태로 조리하는 방법으로 식품 자체의 조직이 부드럽고 불미성분이 없어야 한다. 식품을 가열하지 않고 먹는 방법으로 주로 이용되는 음식은 채소나 과일을 생식으로 먹는 생채, 냉채, 샐러드 등이 있고 신선한 육류, 어패류는 가열하지 않고 회로 먹는다.

생식조리법은 영양성분의 손실이 적고 조리방법이 간단하며 식품 본래의 색이나 향의 손실이 적어 식품 자체의 풍미를 살릴 수 있는 장점이 있다.

표 2-3 본조리 방법의 분류

<table>
<tr><th colspan="3">조리방법 분류</th><th>조리법</th></tr>
<tr><td>생식조리법</td><td colspan="2">가열하지 않고 생으로 먹는 방법</td><td>샐러드, 회</td></tr>
<tr><td rowspan="4">가열조리법</td><td colspan="2">습열조리법
(moist-heat-cooking)</td><td>데치기(blanching)
끓이기(boiling)
포칭(poaching)
시머링(simmering)
찌기(steaming)</td></tr>
<tr><td rowspan="2">건열조리법
(dry-heat-cooking)</td><td>기름을 사용하지 않는
건열조리법</td><td>로스팅(roasting)
베이킹(baking)
그릴링(grilling)
브로일링(broiling)</td></tr>
<tr><td>기름을 사용하는
건열조리법</td><td>볶기(sauteing)
스터 프라잉(stir-frying)
지지기(pan-frying)
튀기기(deep-frying)</td></tr>
<tr><td colspan="2">복합
(습열조리법+건열조리법)</td><td>브레이징(braising)
스튜잉(stewing)</td></tr>
<tr><td>초단파 조리법</td><td colspan="2">전자레인지 조리법 (microwave cooking)</td><td></td></tr>
</table>

반면에 위생적으로 처리하지 않으면 농약이나 병원균의 오염에 따른 위험이 있으므로 깨끗이 세척하고 최대한 빠른 시간 내에 조리하여야 한다.

2. 가열조리법

가열조리법에는 물을 열전달매체로 이용하는 습열조리와 공기나 기름을 열전달매체로 하는 건열조리가 대표적이다. 그 밖에 습열과 건열의 조리방법이 모두 사용되는 복합조리, 식품 내부에서 발생하는 열을 이용하여 조리하는 초단파 조리가 있다.

가열조리는 전분성 식품의 경우 소화율을 높이고 식품의 안전성을 증가시킨다. 또한 식품의 조직을 부드럽게 하고 풍미가 증가되며, 불미성분을 제거하는 등의 장점이 있다. 그러나 지나치게 가열할 경우 영양성분이 파괴되고 향미나 질감이 저하되므로 식품의 종류에 따라 가열조리시간을 적절하게 맞추어야 한다.

(1) 습열조리법

습열조리는 열이 물 또는 증기에 의해 전도되어 조리되는 것으로 습열조리법에는 시머링(simmering), 끓이기(boiling), 포칭(poaching), 찌기(steaming), 데치기(blanching)가 있다.

1) 시머링 (simmering)

시머링은 물의 끓는점 이하에서 온도를 유지하며 매우 잔잔한 거품이 일어나는 액체에서 은근하게 끓이는 방법으로 육수, 설렁탕, 곰탕처럼 오랜 시간 고는 조리법이다. 조리시간을 단축하기 위해서 뚜껑을 덮고 조리한다. 시머링은 재료를 뒤집을 필요가 없고 조리 중 조미료를 첨가할 수 있다.

시머링의 목적은 식품의 조직을 연화시켜 감칠맛 성분을 증가시키고 단백질을 응고시키며, 불미성분 및 지방의 제거, 전분의 호화, 살균, 소독 등이다. 그러나 수용성 비타민과 무기질, 그리고 지미성분의 용출로 영양성분이 손실되므로 수용성 성분의 손실을 막도록 조리하여야 한다.

2) 끓이기 (boiling)

끓이기는 재료를 액체에 잠기게 하여 100℃ 이상에서 조리하는 방법으로 식품에 함유된 맛 성분을 우려내어 국물까지 이용하므로 영양소의 손실은 비교적 적다. 끓이기를 통해 조직의 연화, 전분의 호화, 단백질의 응고, 콜라겐의 젤라틴화 등이 이루어져 소화와 흡수를 돕는다. 또한 끓는 온도를 100℃로 유지하여 식재료를 고르게 익힐 수 있고 조리온도의 조절이 가능하며 가열 도중 조미할 수 있는 장점이 있다. 그 예로 국, 찌개, 전골 등이 있다.

① 찬물에 넣어 끓이기

단단한 식품을 익히거나 고기를 넣고 맛 성분을 우려내어 국물의 맛을 낼 때는 처음부터 찬물에 넣고 끓인다.

② 끓는 물에 넣어 끓이기

채소나 라면 등을 익히거나 식품 고유의 색을 유지하고 비타민이나 수용성 성분의 손실을 최소화하기 위해서는 끓는 물에 넣어 끓인다.

예를들어 수육을 만들 때도 고기를 끓는 물에 넣어 단백질을 응고시켜서 수용성 물질이 용출되는 것을 막아 수육의 맛을 좋게 한다. 고기의 맛을 유지하려면 끓는 물에 넣어 익히는 것이 좋고 국물 맛을 좋게 하려면 찬물에 넣고 끓인다.

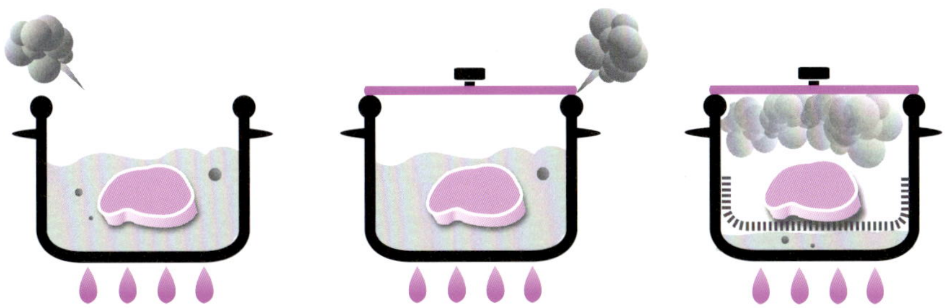

그림 2-5 습열조리

3) 포칭 (poaching)

포칭은 서양조리에서 주로 사용되는 조리방법으로 70~80℃의 거품이 일지 않는 정도의 뜨거운 액체에서 재료를 넣고 조리하는 방법이다. 주로 생선이나 달걀과 같은 섬세한 음식을 서서히 조리할 때 이용된다.

① 얕은 물에 포칭(shallow poaching)

식품을 얕은 팬에 놓고 소량의 액체를 부어 익히는데 액체의 온도가 올라감에 따라 발생된 수증기로 인해 스팀 효과가 일어나 재료가 익는다. 익은 재료는 건져내고, 남은 액체는 졸여서 소스로 사용하는 것이 특징이다. 갈치조림이나 솔 모르네(sole mornay)가 대표적인 조리방법으로 갈치나 가자미처럼 조직이 연한 생선을 양념장 또는 소스에 조리는 것이다.

② 깊은 물에 포칭(deep poaching)

식품을 액체에 완전히 담가 익히는 조리법으로 조리 후 남은 액체를 이용하지 않는다. 조리 예로는 샤브샤브처럼 생선이나 해산물을 익히거나 수란을 만드는데 이용한다.

표 2-4 얕은 물 포칭과 깊은 물 포칭의 비교

구 분	얕은 물 포칭	깊은 물 포칭
액체의 양	재료의 반 정도 액체 필요	재료가 완전히 잠길 액체 필요
재료의 크기	작은 조각	큰 조각
소스	액체를 졸여서 소스로 조리	소스는 따로 조리
조리기구 뚜껑 여부	뚜껑을 덮고 조리	뚜껑없이 조리

4) 찌기 (steaming)

찌기는 100℃의 수증기 속에서 물의 기화열을 이용하여 식품을 가열하는 조리방법으로 물은 음식을 조리하고 다시 물로 떨어져 수증기를 만든다. 찌기는 식품 고유의 형태를 유지할 수 있고 식품에 직접 물을 가하지 않으므로 식품 자체의 맛 성분이나 수용성 성분의 손실이 적다. 그러나 간접적인 가열이므로 시간이 비교적 길고 에너지도 많이 소비된다. 찌는 음식은 가열 중에 조미할 수 없으므로 미리 간을 하여 찌거나 쪄낸 다음에 간을 해야 한다. 채소류, 생선류, 육류, 감자류 등 다양한 재료를 이용하는 조리법이다.

5) 데치기 (blanching)

데치기는 끓는 물에 재료를 넣어 순간적으로 익혀내는 조리법이다. 주로 시금치 등의 채소나 어패류에 이용하며 색을 보존하거나 좋은 질감을 유지하게 해준다. 또한 토마토의 껍질을 벗기기 쉽게 하거나 육질을 단단하게 하기 위해 사용하기도 한다. 특히 채소를 냉동저장할 때 전처리 과정으로 이용하며, 효소를 불활성화시켜 변색을 억제하고 채소류 특유의 불쾌한 냄새나 불순물을 제거한다.

(2) 건열조리법

건열조리는 열 전달매체를 물이 아닌 기름을 사용하거나 뜨거운 공기 또는 복사열에 의한 조리법을 말한다. 복사에너지의 원천은 가스불, 나무나 숯에서 나오는 불로 고온의 물질에서 저온의 물질로 이동한다. 예를 들면 숯불요리는 고온의 숯에서 만들어진 복사에너지가 저온의 음식에 흡수되는 것이다.

건열조리법은 로스팅, 그릴링, 브로일링, 베이킹 등의 굽기와 소테, 스터 프라잉의 볶기 그리고 지지기, 튀기기 등이 있다. 그릴링과 브로일링은 직화 구이이다.

1) 굽기

굽기는 조리하는 중 식품 내 단백질이 응고되어 수분을 침출시키고 동시에 세포는 열을 받아 익어 식품이 연화되며, 지방이 분해되고 당질의 캐러멜화로 풍미를 증가시킬 수 있다. 또한 기름이나 물을 사용하지 않고 높은 열로 빠른 시간 내에 조리하기 때문에 수용성 영양성분의 용출이 적어 식품 고유의 맛을 살릴 수 있다.

① 오븐구이

오븐을 이용한 조리법으로 오븐의 복사열과 뜨거워진 공기의 대류열에 의하여 오븐 내의 식품을 익힌다. 주로 육류나 가금류의 고기를 덩어리째 오븐에서 조리하는 방법을 로스팅(roasting)이라고 하며 로스팅에 사용되는 고기의 부위는 부드럽고, 마블링이 잘 된 고기가 적당하다.

한편 빵과 과자류를 굽는 것을 베이킹(baking)이라고 한다.

② 직접구이

석쇠나 꼬챙이 등의 조리기구를 이용하여 식품을 불 위에 직접 올려놓고 조리하는 방법으로, 직화구이라고도 하며, 높은 열로 빠르게 조리하는 것이 특징이다. 대표적인 음식으로는 너비아니구이, 생선구이, 더덕구이 등이 있다. 열원의 위치에 따라 상단 직화구이인 브로일링, 하단 직화구이인 그릴링이 있다.

- 그릴링 (grilling)

그릴링은 열원이 아래 있어서 하단직화 굽기라고 한다. 복사열로 재료를 익히는 방법으로 연료로는 가스, 전기, 석탄, 나무, 숯 등이 사용된다. 육류나 어류, 채소류를 그릴에 올려 150~250℃에서 조리한다. 그릴판은 아주 뜨겁게 달군 후 사용해야 고기가 그릴 팬에 달라붙는 것을 방지할 수 있다.

• 브로일링 (broiling)

브로일링은 열원의 위치가 상부에 있어 상단직화 굽기라고 한다. 빠르게 280~300℃의 높은 열로 조리하는 방법으로 브로일러(broiler)나 살라만더(salamander)를 이용한다. 처음에는 높은 열을 사용하여 고기 표면을 시어링(searing)하고 낮은 온도에서 원하는 정도로 익힌다.

톡톡정보

• 시어(sear)
고기 표면을 고열을 이용해서 갈색이 되게 굽는 방법

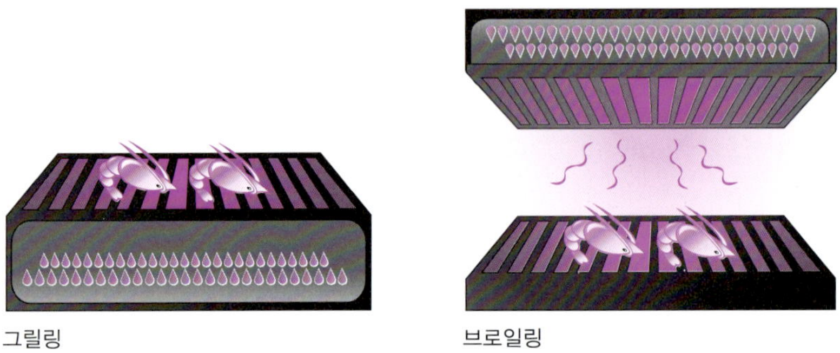

그림 2-6 그릴링과 브로일링

③ 간접구이

열원 위에 냄비, 철판, 팬 등의 조리기구를 올려 놓고 간접적으로 조리하는 방법으로 서양조리에서는 팬 브로일링이 여기에 속한다.

그림 2-7 건열 조리

2) 볶기

① 소테(saute)

소테는 프랑스어로 'to leap or jump(껑충 뛰어오르다)' 의 뜻이다. 소테는 냄비나 팬에 소량의 기름을 두른 후 달구어 식품을 넣고 단시간에 조리하는 방법이다. 고온에서 단시간 조리하므로 수용성 성분의 용출이 적고 비타민의 파괴도 적다. 또한 볶는 과정에서 식품의 수분이 빠져나오는 대신 기름이 흡수되므로 풍미를 증가시킬 수 있다.

볶기를 할 때는 반드시 달군 팬에 재료를 넣고 강한 화력으로 볶아야 색과 향, 질감이 유지된다. 높은 열에서 조리가 시작되어야 하므로 재료의 양은 조리용기의 반을 넘지 않도록 한다.

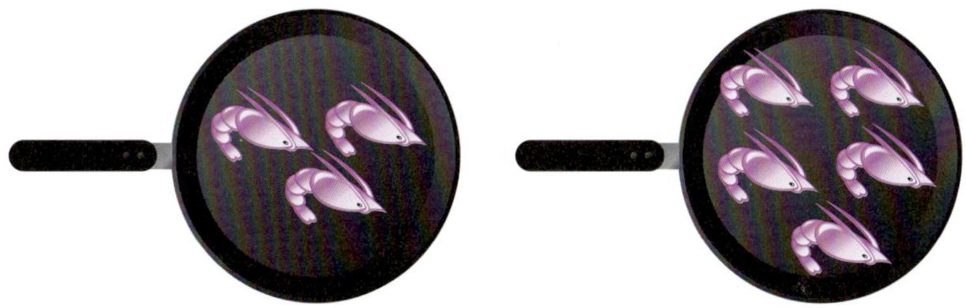

그림 2-8 볶기의 적절한 재료의 양

② 스터 프라잉 (stir frying)

스터 프라잉은 소테보다는 넉넉한 기름을 이용하여 아주 센 불에서 저으면서 볶는 조리법으로, 무거운 금속으로 만든 둥근 모양의 중화팬인 웍(wok)으로 조리한다. 고온에서 단시간 처리하는 조리법으로 비타민류의 손실이 적으며 지용성 비타민의 경우 이용률을 높여준다. 주로 단시간 가열하는 조리를 사용하는 중식에서 많이 사용된다.

③ 지지기 (pan frying)

지지기는 일반적으로 얕은 팬에 소량의 기름을 넣고 조리하는 방법으로 주로 육류, 생선, 채소 등에 이용된다. 지지는 재료에 따라 그대로 지지는 경우와 지지기 전에 빵가루나 밀가루로 표면을 입혀 식품 속의 수분이 빠져나오는 것을 방지하기도 한다. 조리 시 적어도 한 번은 뒤집어 주어야 한다.

④ 튀기기 (deep frying)

튀기기는 고온의 기름에 식품을 완전히 잠기게 하여 가열하는 방법으로 기름을 열의 매개체로 이용한다.

사용 기름의 온도범위는 150~200℃로 높은 온도를 이용하므로 단시간에 조리할 수 있어 영양소의 파괴가 적다. 튀김은 식품재료 내의 수분과 기름이 교환되어 풍미가 증가되며, 튀기는 도중에는 조미를 하기 어려우므로 가열 전 · 후 조미를 해야 한다. 이 조리법의 특징은 최소한의 지방을 흡수하고 단시간 조리하므로 수분과 비타민의 손실이 적다. 튀김기름은 발연점이 높고, 온도 회복시간이 짧은 기름이 좋다.

식품을 튀길 때는 식품을 그대로 튀기거나 튀김옷을 입혀 튀기는 방법이 있는데 식품의 종류나 성분에 따라 튀기는 온도와 시간이 달라진다. 잘 된 튀김은 표면이 노란빛을 띠는 갈색으로 바삭바삭함을 유지하며 기름이 식품 외부로 흐르지 않아야 한다.

(3) 복합조리법

복합조리법은 건열과 습열을 이용해서 조리하는 방법으로 브레이징(braising)과 스튜잉(stewing)이 있다.

① 브레이징 (braising)

브레이징은 팬에 소량의 기름을 넣고 식재료의 양면을 그을린(sear) 후 스톡 등의 액체를 재료의 반 정도 잠기게 부어 뚜껑을 덮어 푹 끓이는 방법이다. 식품의 윗부분은 뚜껑이 있는 그릇에서 생긴 스팀에 의해 조리되며 액체의 비율은 보통 팬의 $\frac{1}{4}$ 정도이다. 조리시 액체 표면 위에 노출된 식품의 표면이 마르지 않도록 자주 액체를 조리되는 음식에 끼얹어 주어야 한다. 조리된 음식은 겉이 약간 바삭거리고, 속은 부드럽게 된다. 주로 사태 같은 결체조직이 많은 질긴 부위가 사용되며 장시간 시머링해서 고기를 연하게 하는 조리방법이다.

표 2-5 브레이징과 스튜잉의 비교

구 분	브레이징	스튜잉
그림		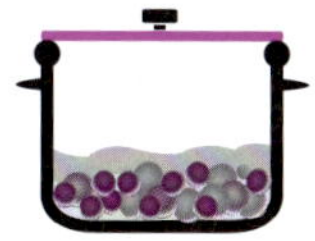
재료 크기	큰 덩어리	작은 조각
액체의 양	재료의 반 정도	재료가 완전히 잠길 정도

② 스튜잉 (stewing)

스튜잉은 뚜껑이 있는 냄비를 이용하여 브레이징보다 낮은 온도로 서서히 조리하는 방법이다. 원리는 브레이징과 비슷하나 브레이징과 차이점은 재료의 크기가 브레이징보다 작고 액체를 재료가 덮을 정도로 사용한다.

3. 초단파 조리(microwave cooking)

초단파 조리법은 식품 자체에 있는 물분자가 급속히 진동하여 열이 발생되는 원리를 이용한 조리법이다. 극초단파에서 얻어지는 에너지를 조리열원으로 이용하는 조리기구를 전자레인지라고 한다. 전자레인지 조리는 식품의 내부와 외부에서 동시에 가열되므로 가열시간이 매우 짧아서 영양소의 손실이 적고 갈변현상이 일어나지 않는다.

또한 다량의 식품을 단시간 골고루 익히는 장점이 있으나 가열에 의해 수분 증발이 심하므로 뚜껑을 사용하는 것이 좋다. 주로 식품의 조리, 데우기, 해동 시에 많이 사용된다. 전자레인지 조리방법과 일반 조리방법의 차이점은 다음 표 2-6과 같다. 또한 극초단파 조리에 사용되는 용기는 종이, 유리, 자기, 플라스틱 용기가 적합하며, 금속류는 반사하므로 적합하지 않다.

표 2-6 전자레인지 조리와 일반조리 방법의 비교

구 분	전자레인지 조리	일반 조리
가열시간	매우 빠름	초단파에 비해 길다
가열순서	식품부터 가열	용기부터 가열
화력조절	화력 조절 어려움	화력 조절 용이
영양소 파괴	매우 적음	다양함
갈색화	일어나지 않음	갈변 발생
용기	도자기, 나무, 종이 가능 금속성 용기 제한	금속류 용기 사용 가능

Chapter 3

곡류 및 전분

곡류는 주로 열량 급원으로 이용되고 있으며, 한국인 하루 섭취열량의 65% 정도를 차지한다.

곡류의 주된 조리형태는 입자 그대로 조리하는 방법과 제분하여 가루 형태로 조리하는 방법으로 나눌 수 있다.

Section 1 곡류의 분류

메밀을 제외한 대부분의 곡류는 화본과(벼과, Gramine)에 속하며 쌀, 맥류, 잡곡으로 분류한다. 쌀 그리고 맥류에는 보리 · 쌀보리 · 밀 · 귀리 · 호밀 등이 있고, 잡곡으로는 메밀 · 수수 · 옥수수 · 기장 · 조 · 피 등이 있다.

Section 2 곡류의 구조

곡류의 입자 구조는 외피, 배아, 배유의 세 부분으로 구성되어 있다. 외피는 곡류입자의 가장 외부에 존재하면서 기온, 벌레 등의 환경적 요인으로부터 배아와 배유를 보호하는 역할을 하는데 도정과정에 대부분 제거된다.

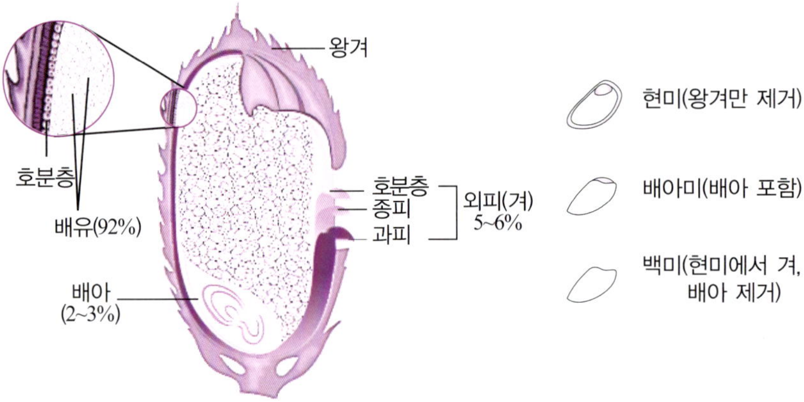

그림 3-1 곡류의 구조

배아는 단백질과 지질, 무기질 함량이 높으나 도정과정에서 외피와 함께 제거된다. 배유는 우리가 주로 먹는 부분으로 전분형태의 탄수화물이 대부분이고 그 외에 단백질, 무기질, 비타민 등이 소량 함유되어 있다.

Section 3 곡류의 구성성분

곡류의 성분은 탄수화물 저장형태인 전분이 70~75%, 단백질 9~14%, 지질과 무기질 4% 이하로 구성되어 있고 비타민 B_1, B_2 등을 함유하고 있으나 대부분 배아에 함유하고 있어 도정과정에서 제거되거나 밥짓는 과정에서 대부분 손실된다.

톡톡 정보

- **쌀의 도정**

  벼의 왕겨를 제거한 것을 '현미'라고 하는데 이 현미로부터 과피, 종피, 호분층을 제거하여 배유를 얻는 것을 '도정'이라고 한다.

- **도정도(%)**

  현미에서 겨층을 제거한 정도를 나타내며 백미는 100%, 7분 도미는 70%, 5분 도미는 50%의 도정도를 나타낸다.

표 3-1 곡류의 식품 성분

구분	품종	에너지 (kcal)	수분 (g)	단백질 (g)	지질 (g)	탄수화물		회분 (g)	무기질			비타민			
						당질 (g)	섬유소 (g)		칼슘 (mg)	인 (mg)	철 (mg)	A (RE)	B_1 (mg)	B_2 (mg)	나이신 (mg)
백미	일반백미	372	10.8	6.4	0.5	81.9	0.3	0.4	4	140	0.4	0	0.11	0.04	1.5
현미	일반현미	350	11.6	7.6	2.1	77.1	2.7	1.6	6	279	0.7	0	0.23	0.08	3.6
보리	겉보리(알곡)	322	13.8	10.6	1.8	71.1	2.9	2.7	43	360	5.4	0	0.31	0.10	5.5
	쌀보리	345	11.1	9.9	0.6	77.7	0.5	0.7	19	72	1.4	0	0.41	0.04	0.9
밀	밀(도정곡)	325	10.6	10.6	1.0	75.8	1.2	2.0	52	254	4.7	0	0.43	0.12	2.4
옥수수	찰옥수수	140	63.6	4.9	1.2	29.4	0.6	0.9	21	131	2.2	9	0.25	0.11	2.6
메밀	메밀(도정곡)	374	9.8	11.5	2.3	74.7	1.1	1.7	18	308	2.6	17	0.46	0.26	1.2
조	조	307	13.0	9.9	3.7	63.5	7.0	2.9	21	240	5.0	0	0.40	0.10	4.5
기장	기장	363	11.3	11.2	1.9	74.6	0.8	1.0	15	226	2.8	0	0.42	0.09	2.9

출처 : 농촌진흥청 농촌자원 개발연구소(2007), 제7개정판 식품성분표

Section 4 곡류의 조리

1. 쌀

(1) 쌀의 종류

쌀은 그 형태에 따라 일반적으로 일본형(Japonica type)과 인도형(Indica type)으로 나누어진다.

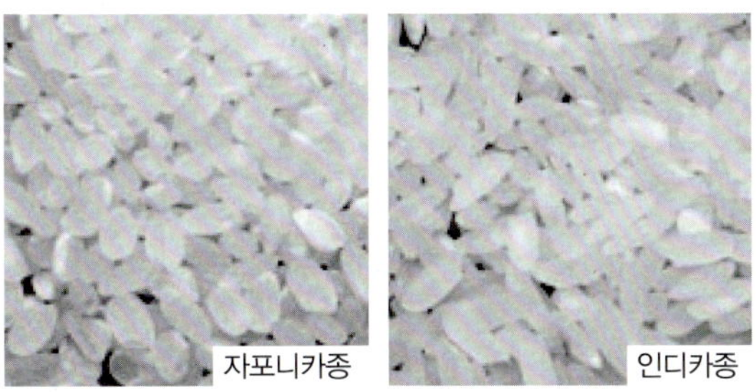

그림 3-2 쌀의 종류

일본형인 자포니카종은 쌀알의 모양이 둥글고 짧으며 조리를 하면 점성이 뛰어나다. 주로 우리나라와 일본에서 많이 상용한다. 인도형인 인디카종은 쌀알의 모양이 가늘고 길며 점성이 약하고 잘 부서진다.

(2) 쌀의 성분

쌀의 주성분은 탄수화물인데 전분이 75% 이상이며 그 외에 덱스트린(dextrin), 섬유소 등으로 구성되어 있다. 쌀은 전분성분인 아밀로오스(amylose)와 아밀로펙틴(amylopectin)의 함량의 차에 따라 멥쌀과 찹쌀로 나눈다. 멥쌀의 구성은 아밀로오스 20~25%, 아밀로펙틴 75~80%, 찹쌀은 100% 아밀로펙틴으로 구성되어 있다.

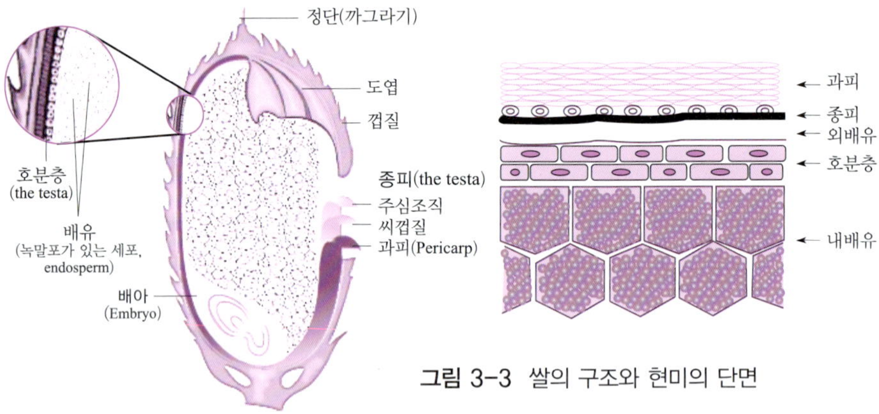

그림 3-3 쌀의 구조와 현미의 단면

표 3-2 쌀의 성분. 식품성분표

구분	열량 (kcal)	수분 (%)	단백질 (g)	지질 (g)	탄수화물 (g)	섬유소 (g)	칼슘 (mg)	인 (mg)	철분 (mg)	비타민		
										B_1 (mg)	B_2 (mg)	니아신 (mg)
현미	350	11.6	7.6	2.1	77.1	2.7	6	279	0.7	0.23	0.08	3.6
7분도미	367	12.3	6.9	1.1	79.1	0.3	24	179	0.9	0.19	0.05	2.7
백미	372	10.8	6.4	0.5	81.9	0.3	4.0	140	0.4	0.11	0.04	1.5
강화미	362	14.0	7.0	1.3	77.1	0.3	6.0	140	0.5	12.5	5.0	1.5
흑미	364	11.5	8.8	3.1	74.9	1.2	15	370	1.0	0.49	0.13	2.7
찹쌀(백미)	374	9.6	7.4	0.4	81.9	0.7	4.0	151	2.2	0.14	0.08	1.6

출처 : 농촌진흥청 농촌자원 개발연구소(2007), 제7개정판 식품성분표

(3) 쌀의 조리 – 밥 짓기

① 씻기

쌀의 불순물을 제거하기 위한 조작으로 수용성 성분의 손실이 일어나는데 특히 비타민 B_1의 손실이 많다.

② 담그기

쌀을 일정시간 침수를 하면 쌀의 조직이 물을 흡수하여 가열 시 열전도율을 높이고 호화를 용이하게 하여 밥맛이 좋아진다. 하지만 너무 오랜 시간 담그게 되면 쌀 입자가 으스러지기 쉬워 조리 후의 상태가 나빠질 수 있으니 주의해야 한다.

③ 물의 양

밥을 지을 때 물의 양은 쌀 중량의 1.5배, 쌀 부피의 1.2배가 적당하며 밥물의 양에 영향을 주는 요인으로는 쌀 자체의 수분함량, 가열용기, 쌀의 양, 화력, 가열 방법 등에 영향을 받는다.

④ 가열

가열은 쌀 전분의 호화가 일어나는 시기로 밥 짓기에서 가장 큰 변화가 일어나는 시기이다. 물을 흡수한 쌀 입자는 가열에 의한 온도상승과 함께 더 많은 수분을 흡수하며 팽윤하고 60~65℃에서 호화가 시작되어 비등기 – 증자기 – 뜸들이기를 거쳐 밥이 완성된다.

표 3-3 쌀의 종류에 따른 밥물의 분량

쌀의 종류	쌀 중량에 대한 물의 분량	부피에 대한 물의 분량
백미	중량의 1.5배	부피의 1.2배
햅쌀	중량의 1.4배	부피의 1.1배
찹쌀	중량의 1.1~1.2배	부피의 0.9배

⑤ 밥맛에 영향을 주는 요소

- 쌀의 건조 상태 – 보통 쌀의 수분함량은 14% 정도이지만 수확 후 오래된 쌀은 지나치게 건조되어 수분을 갑자기 흡수해야 하므로 팽창이 고루 되지 않아 밥맛이 좋지 않다.

- **물의 pH** – 밥 짓는 물의 pH가 중성(pH7~8)일 때 밥맛이 좋고 산성에 가까울수록 밥맛이 나빠진다.
- **소금** – 0.03%의 소금을 넣으면 밥맛이 좋아진다.
- **아밀로오스 함량** – 쌀의 아밀로오스 함량이 낮을수록 점성이 많고 밥맛이 좋다.
- **밥 짓는 용구** – 재질이 두껍고 무거운 것으로 무쇠나 곱돌로 만든 것이 밥맛이 좋다.

(4) 찹쌀의 조리

멥쌀과 찹쌀은 영양성분에는 큰 차이가 없으나 성질에는 차이가 있는데 이는 화학구조에서 비롯된다. 찹쌀 전분은 아밀로펙틴 100%만으로 이루어졌기 때문에 팽창하기 쉽고 점성이 강하다. 그래서 밥물의 양은 쌀 부피의 0.9%를 붓는데 이로는 쌀이 충분히 잠길 수 없어 찹쌀로 밥을 할 때는 물에 충분히 불린 후 수증기를 이용하여 찜통에서 찌는 방법을 많이 이용한다. 밥을 찔 때는 찌는 도중 2~3회 정도 물을 뿌려주어 충분히 호화가 이루어지도록 한다.

2. 보 리

보리의 종류로는 쌀보리와 겉보리가 있다. 주된 성분은 탄수화물로 전분이 대부분이고 쌀보리는 껍질이 종실에서 분리되기 쉽고 배유부분이 많아 쌀과 섞어 밥을 지을 수 있으나 겉보리는 껍질이 종실에서 분리되기 어렵고 배유부분도 적어 볶아서 보리차로 이용하거나 발아시켜 엿기름으로 이용한다.

톡톡 정보

- 엿기름

보리에 싹이 나도록하여 제품화한 것으로 알코올, 맥주, 주정, 물엿 등을 만들 때 녹말을 당화시켜 주는 주원료이다.

단맥아 – 싹의 길이가 보리의 $\frac{2}{3}$~$\frac{3}{4}$ 가량
용도 : 맥주용

장맥아 – 싹의 길이가 보리의 1.5~2배
용도 : 식혜나 물엿

주성분은 탄수화물이고 전분이 대부분이다. 단백질로는 호르데인(hordein)이 주된 단백질로 약 10% 정도 함유되어 쌀보다는 많으나 리신(lysine), 트레오닌(threonine), 트립토판(tryptophan) 등의 필수아미노산 함량이 많지 않아 질적으로 우수하다고 볼 수는 없다. 칼슘, 철 등의 무기질과 비타민 B군이 풍부한 편이다. 식이섬유인 β-glucan은 콜레스테롤 함량을 저하시키는 효과가 있다.

보리의 가운데 골진 부분에는 섬유소가 풍부해 정장 작용에 좋으나 소화율이 낮다. 이런 낮은 소화율을 개선하기 위해 나온 것이 할맥과 압맥이다. 할맥은 보리를 분할하여 만들어 소화율을 높이고 압맥은 미리 찐 다음 기계로 눌러 부드럽고 호화가 빨리 되도록 한 것이다.

보리를 이용한 식품으로는 맥주, 위스키, 식혜, 보리차, 된장, 고추장 등이 있다.

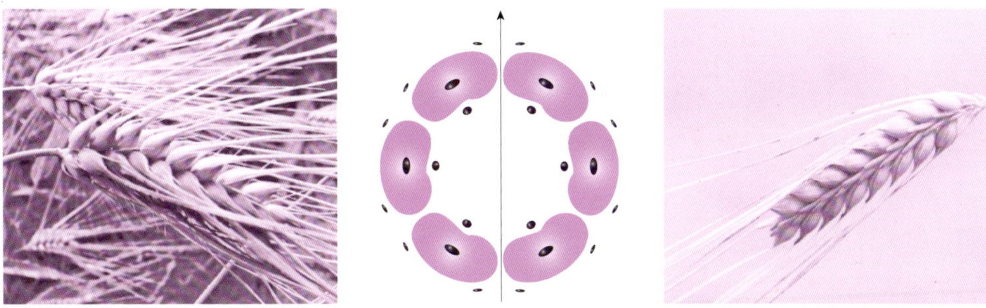

그림 3-4 보리의 배열

3. 옥수수

옥수수는 곡류 중 저장성이 가장 우수하다. 주성분은 탄수화물인 전분이고 주된 단백질은 제인(zein)으로 트레오닌의 함량이 비교적 많고 리신, 트립토판 함량이 적다. 지질성분은 배아부분에 대부분 존재하며 주로 올레산, 리놀레산으로 구성되어 있다. 옥수수에는 비타민 A와 E의 함량이 많은 편이다.

옥수수의 주된 품종으로는 경립종 · 감미종 · 폭열종이 있는데, 경립종은 전분 · 포도당 · 소주 등의 원료로 이용되며, 감미종은 감미가 강하고 연하여 통조림이나 냉동처리하여 많이 이용하고, 폭열종은 외부가 단단하고 투명하여 튀기면 전분질이 파괴되어 팝콘으로 이용된다. 옥수수전분(corn starch)은 순백, 무취로 순도가 높아 제과용 · 조리용 등으로 널리 이용된다.

4. 메 밀

메밀은 여귀과에 속하며 춥고 토양이 기름지지 않은 곳에서도 잘 자란다. 메밀은 단백질이 비교적 우수한 편으로 필수아미노산인 리신 · 트레오닌 · 트립토판의 함량이 많고 비타민으로는 B_1, B_2 함량이 많다.

외피를 제거하고 제분하여 사용하며 주로 국수 · 전 · 묵 등을 만드는데 이용된다. 단독으로 이용하거나 점성이 부족하여 밀가루와 섞어서 국수를 만들며 메밀국수, 냉면 등이 있다. 특히 지역적으로는 강원도에서 많이 이용되는데 메밀을 이용한 요리로는 메밀막국수, 메밀총떡, 메밀 전, 메밀묵 등이 있다.

5. 수 수

수수(sorghum)의 종류는 메수수와 차수수가 있으며 차수수는 메수수보다 단백질 함량이 조금 많은 편이고 외피가 단단하고 탄닌(tannin) 성분을 함유하고 있어 떫은맛과 함께 다른 곡류에 비해 소화율이 떨어진다. 조리 시 떫은맛을 제거하기 위해 세게 문질러 씻는다. 제분하여 수수경단, 수수부꾸미 등의 조리에 이용하고 주정 · 전분 · 고량주와 문배주의 원료로 이용되기도 한다.

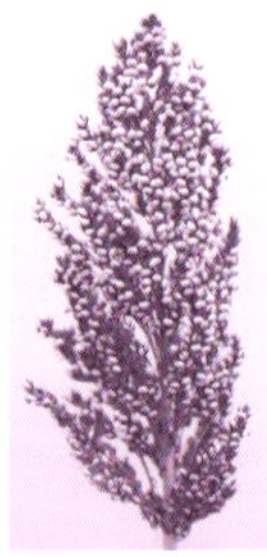

Section 5 곡류를 이용한 식품

1. 떡

떡은 예로부터 관혼상제에 빠지지 않는 전통음식으로 종류도 다양하다. 만드는 방법에 따라 찐떡, 친떡, 지지는 떡, 삶는 떡으로 나눈다. 찐 떡은 곱게 빻은 멥쌀이나 찹쌀가루를 시루에 잘 안쳐 강한 불에서 수증기가 잘 통하도록 하여 익혀낸 것으로 설기떡, 편 등 재료에 따라 그 종류가 다양하다.

친떡은 멥쌀가루나 찹쌀가루를 시루에 쪄서 익힌 후 절구나 안반을 이용하여 친 다음 모양을 만드는 떡이다. 절편, 인절미, 개피떡 등이 있다.

지진떡은 멥쌀가루, 찹쌀가루, 수수가루 등을 묽게 익반죽 한 것을 기름에 지져 만든 떡이다. 종류로는 화전, 부꾸미, 주악 등이 있다.

삶은 떡은 가루를 익반죽하여 모양을 만들어 익힌 떡이다. 경단은 찹쌀가루를 익반죽하여 만드는데 찹쌀의 아밀로펙틴의 함량이 많아 가열하면 쉽게 팽윤되고 끈기가 생기므로 끓는 물로 익반죽하면 전분의 일부를 호화시켜 삶을 때 시간이 단축되고 모양이 흐트러지지 않는다.

2. 식 혜

식혜는 한국의 대표적인 기호성 음료로 식혜의 맛은 엿기름에 따라 차이가 있는데 엿기름속에는 당화효소인 아밀라아제를 함유하고 있어 당화작용에 따른 맥아당(maltose) 생성으로 식혜의 독특한 단맛에 기여한다.

톡톡정보

• 식혜와 엿기름

식혜를 만들 때 엿기름의 첨가량에 따라 당화효소와 맛이 달라지는데, 엿기름이 많을수록 당화속도는 빠르고 색깔은 진해지고 엿기름의 사용이 적으면 발효가 늦어 감미가 떨어진다.

Section 6 전분의 성질과 조리특성

전분은 식물의 저장물질로 곡류와 서류의 주성분이며 식물의 씨, 뿌리, 줄기 등에 저장되고 포도당이 수백 개 또는 수만 개까지 결합된 다당류이다. 당질 중 조리와 가장 관계가 깊은 성분으로 식물체의 종류에 따라 전분 입자의 크기와 형태가 다르다. 이는 전분의 조리 시 많은 영향을 미친다.

1. 전분의 구조

전분은 아밀로오스(amylose)와 아밀로펙틴(amylopectin)으로 연결된 긴 사슬 구조를 가진 다당류이다. 전분은 치밀하게 결합된 결정부분과 비교적 엉성하게 결합된 비결정부분이 규칙적으로 배열을 이룬 미셀(micelle) 형태의 입자구조를 가진다.

① 아밀로오스(amylose)

아밀로오스는 α-포도당이 직선상으로 연결된 α-1,4결합으로 6~8개의 포도당마다 1번씩 회전하여 나선상의 구조를 이루고 있다. 아밀로오스는 요오드 정색 반응으로 청색을 띠게 된다.

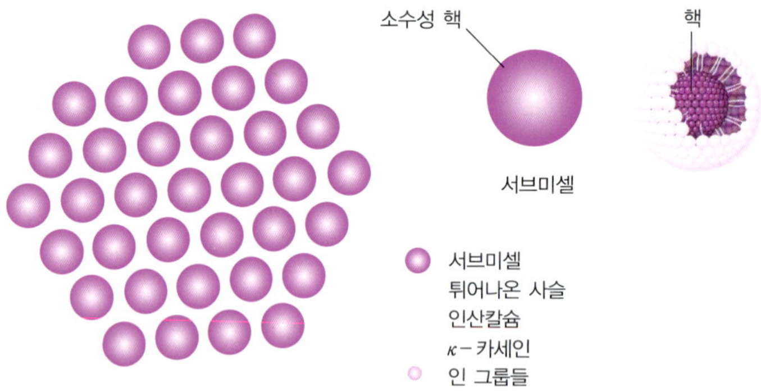

그림 3-5 미셀 구조

② 아밀로펙틴(amylopectin)

아밀로펙틴(amylopectin)은 직선상의 α-1,4결합에 여러 가지 가지를 친 분지상의 α-1,6결합을 가진다. 아밀로펙틴은 나선상의 구조를 가지지 않으며 요오드 반응 시 반응을 하지 않아 적자색을 띤다.

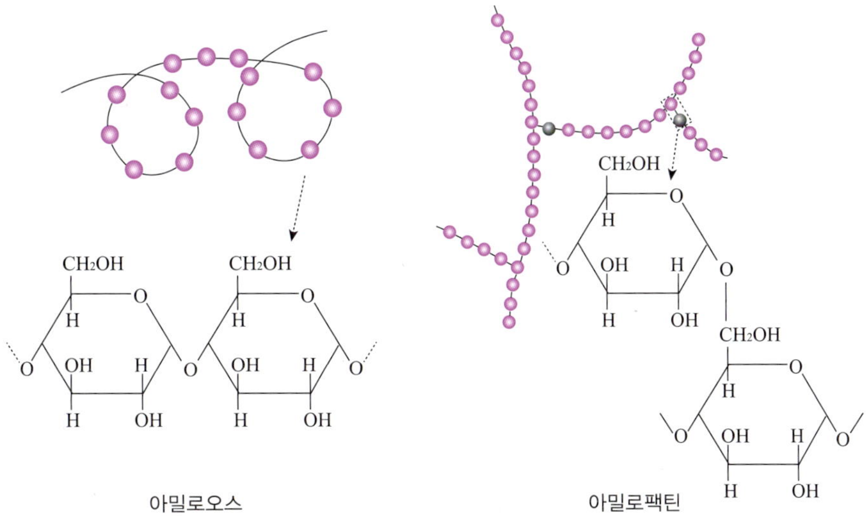

그림 3-6 아밀로오스와 아밀로펙틴의 구조

표 3-4 아밀로오스와 아밀로펙틴의 비교

구분	아밀로오스	아밀로펙틴
구조	포도당으로 구성된 직선상 구조	포도당으로 구성된 직선상 구조에 α-1,6결합으로 연결된 가지구조
결합	직선상의 α-1,4결합	α-1,4결합과 α-1,6결합
나선구조	있다	없다
가열 시 변화	불투명	투명, 점성

2. 전분의 종류

전분은 그 종류에 따라 분자 구성, 크기, 형태가 다르다. 대부분의 전분은 아밀로오스와 아밀로펙틴으로 구성되어 있다. 전분은 종류에 따라 아밀로오스와 아밀로펙틴의 함량 비율이 다른데 멥쌀의 경우 아밀로오스와 아밀로펙틴의 함량의 비가 20 : 80이고 찹쌀의 경우 대부분이 아밀로펙틴으로 구성되어 있다.

전분은 식물체내에서 입자의 형태로 존재하는데 식품에 따라 원형, 타원형, 다각형 등의 다양한 형태를 가진다. 이와 같은 형태적 특징은 전분의 조리 시 전분의 호화, 노화, 호정화, 겔 형성 능력에 영향을 미치며 일반적으로 곡류 전분입자의 크기보다 감자류 전분입자의 크기가 더 커서 호화되기 쉽다.

표 3-5 전분의 종류별 아밀로오스 아밀로펙틴 함량 비율

종류	아밀로오스(%)	아밀로펙틴(%)
멥쌀	20	80
찹쌀	0	100
감자	23	77
옥수수	26	74
밀	28	72
고구마	20	80
보리	27	73

3. 전분의 호화

전분입자는 치밀하게 결합된 결정부분과 비교적 엉성하게 결합된 비결정부분이 규칙적으로 배열을 이룬 미셀(micelle, 작은 원분자) 구조를 이루고 있다. 전분입자는 물에 쉽게 녹지 않고 소화효소의 작용도 받기 어렵고 비중이 커서 물에 잘 가라앉는 성질을 가지고 있다.

전분의 호화란 생전분에 물을 가하고 가열을 하면 전분이 물을 흡수하여 팽윤하고 온도가 더욱 상승하면 전분용액의 투명도와 점성이 증가하여 전분입자의 형태가 없어진 반투명의 콜로이드(colloid) 상태로 되는 현상을 전분의 호화라 한다.

(1) 전분의 호화 단계

① 수화(hydration) 단계

전분입자에 물을 가하면 물 분자들은 아밀로오스나 아밀로펙틴 분자들 사이에 들어가고, 물분자가 흡수되어 수화되는 상태로 현탁액의 온도가 높아질수록 물의 흡수가 더욱 커진다. 이 과정은 가역적인 변화로 다시 원상태로 돌아갈 수 있다.

② 팽윤(swelling) 단계

현탁액의 온도가 상승하면서 수분을 계속 흡수하여 팽윤하는 단계로 비가역적인 변화로 원상태로 돌아갈 수 없다.

③ 콜로이드(colloid) 상태로 되는 단계

전분입자들이 파괴되고 형태를 잃어서 현탁액은 콜로이드 상태의 용액으로 되는 과정으로 점도가 증가한다.

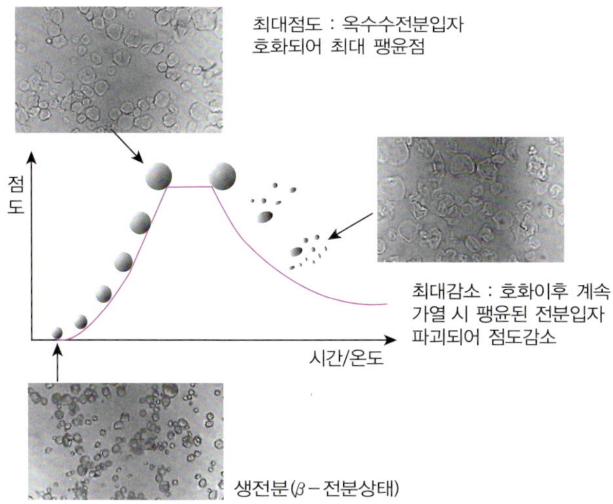

그림 3-7 전분의 호화과정

(2) 전분의 호화에 영향을 주는 요인

① 전분의 종류

아밀로오스나 아밀로펙틴 함량에 따라 호화에 영향을 주는데 아밀로펙틴은 아밀로오스보다 호화되기 어렵다. 그래서 일반적으로 찹쌀을 이용한 음식이 조리시간이 길다.

② 전분입자의 크기

전분입자는 식물의 종류에 따라 크기와 모양이 다르며 전분입자의 크기는 호화에 영향을 미친다. 감자나 고구마와 같은 서류의 전분입자가 곡류의 전분입자보다 커서 호화되기 쉽다.

③ 수침시간

전분을 가열하기 전에 전분을 수침하면 호화되기 쉽고 균질한 질감을 얻을 수 있다.

④ 가열온도

가열온도는 높을수록 단시간에 호화된다.

⑤ 수소이온농도(pH)

알칼리에서는 전분의 팽윤과 호화가 촉진되고 전분에 산을 가하면 전분이 가수분해 되어 호화가 잘 일어나지 않으며 점도가 낮아진다. 그러므로 전분에 산을 첨가하여 음식을 조리할 때는 전분의 호화가 이루어진 이후에 산과 섞는 것이 좋다.

⑥ 젓기 정도

전분용액이 교질용액인 전분 풀 형성 전에 지나치게 저어주면 전분입자가 팽창하여 파괴되면서 호화가 잘 이루어지지 않아 점성이 감소하게 된다.

⑦ 당

전분에 설탕을 첨가하면 설탕의 용해성이 커서 전분이 호화하는데 필요한 물을 당이 흡수하므로 전분의 물이용을 방해하여 호화를 지연시키고 점도를 낮춘다. 이때 설탕은 탈수제 역할을 한다.

⑧ 단백질, 지방

단백질이나 지방은 전분입자를 둘러싸서 전분입자 표면에 막을 형성하여 물의 흡수를 방해하여 호화를 지연시킨다.

4. 전분의 노화

호화된 전분을 공기 중에 방치하면 호화되면서 흐트러졌던 미셀 구조가 규칙적으로 재배열되면서 생전분의 구조와 같은 β-starch형태로 되돌아가는 현상을 노

그림 3-8 전분 노화의 과정

화(retrogradation)라고 한다. 그러나 호화가 일어나기 이전의 상태로 되돌아갈 수는 없다. 호화된 전분을 오랫동안 방치하면 근접한 전분분자들이 수소결합을 하게 되어 미셀(micelle)의 재배열이 일어난다. 전분의 노화가 일어나면 맛이 없어지고 소화효소의 작용도 받기 어려워 소화율도 떨어지게 된다.

(1) 노화속도에 영향을 주는 요인

① 전분의 종류

아밀로오스는 직선상 분자로 입체 장애가 없어 노화되기 쉽고 아밀로펙틴은 분지상 구조로 입체 장애를 많이 받으므로 노화속도가 느리다.

② 온도

0~5℃ 냉장온도에서 가장 노화가 잘 일어난다. 이 온도 범위에서는 α-전분의 구조가 불안정해지기 때문이다.

60℃ 이상 또는 냉동상태에서는 노화가 잘 일어나지 않는다. 60℃ 이상에서는 전분분자 상호간의 수소결합이 어려워서 노화가 어렵고, 0℃ 이하에서는 전분분자간의 자유로운 이동이 억제되므로 전분분자가 물분자 사이에서 고정되어 노화가 어렵다.

③ pH

노화는 수소결합에 의한 것으로 산성에서는 노화가 촉진되고 알칼리성에서는 노화가 억제된다.

④ 수분함량

수분함량 30~60%에서 노화가 가장 잘 일어나고 수분함량 15% 이하 또는 60% 이상을 유지하면 노화를 억제할 수 있다.

(2) 노화를 방지하는 조건

① 수분함량과 온도

호화된 전분의 수분함량을 15% 이하 또는 60% 이상으로 유지하면 노화를 방지할 수 있고 60℃ 이상을 유지하면 노화를 방지할 수 있다.

보온밥솥이나 보온 온장고가 이 원리를 이용한 제품이다.

② 냉동 탈수법

호화된 전분을 0℃ 이하로 냉동시킨 후 급속히 탈수하여 수분함량을 15% 이하로 낮추면 노화를 방지할 수 있다. 냉동건조미는 이 원리를 이용한 제품이다.

③ 설탕

호화된 전분의 설탕농도가 높으면 설탕이 탈수제 역할을 하여 노화가 잘 일어나지 않는다. 양갱은 이 원리를 이용한 제품이다.

④ 지방과 유화제

전분에 지방을 첨가하면 지방이 수소결합을 방해하여 노화를 방지한다. 유화제인 모노글리세리드(dmonoglyceride)나 디글리세리드(diglyceride)를 첨가하면 호화된 전분의 안정도를 증가시키고 노화도 억제된다.

5. 전분의 호정화

전분을 물 없이 160~170℃의 온도를 유지하면서 건열로 가열하면 전분분자는 글루코시드(glucoside linkage) 결합이 끊어지면서 가용성의 덱스트린(dextrin)으로 분해된다. 이러한 과정을 전분의 호정화(dextrinization)라 한다.

호정화가 일어난 전분은 화학적인 분해가 일어난 상태이고 물에 용해되기 쉬운 가용성의 전분으로 점성은 낮아지나 용해성은 증가한다.

전분의 호정화 현상은 곡물의 가루를 볶을 때나 빵을 구울 때 빵의 표면에서 일어나는 현상으로 팝콘, 루(roux), 미숫가루, 누룽지, 뻥튀기, 토스트, 비스킷 등에서 볼 수 있다.

6. 전분의 당화

전분에 산이나 효소를 가하면 단당류나 이당류 또는 올리고당으로 가수분해 되어 단맛이 증가하는 과정을 당화(saccharification)라고 한다. 전분의 당화를 이용한 식품으로는 물엿, 조청, 식혜, 시럽 등이 있다.

7. 전분의 겔화

전분에 수분을 가한 후 가열하면 호화가 일어나는데 이때 호화된 전분이 급속히 식어서 굳어지는 현상을 전분의 겔화(gelation)라고 한다. 이 현상은 아밀로오스가 부분적으로 결정을 형성하는 것으로 감자, 고구마 전분의 아밀로오스는 겔화가 잘 일어나지 않고, 도토리 · 녹두 · 동부 전분은 겔화가 잘 일어난다. 이를 이용한 식품으로는 도토리묵, 청포묵, 메밀묵, 앵두편 등이 있다.

8. 전분의 조리 특성

전분은 조리에서 농후제, 결착제, 안정제 등으로 이용된다. 이때는 호화되고 균일한 상태로 일정한 점성을 가지고 있어야 한다.

표 3-6 전분을 이용한 요리

전분의 성질	이용 음식
전분의 호화	밥, 죽, 국수, 떡
전분의 호정화	팝콘, 미숫가루, 뻥튀기, 누룽지, 토스트, 비스킷
전분의 당화	식혜, 조청, 엿, 고추장
전분의 겔화	도토리묵, 청포묵, 동부묵, 메밀묵, 앵두편

표 3-7 전분의 기능에 따른 식품 예

전분의 기능	식품 예
농후제	소스, 그레이비, 수프
겔 형성제	묵, 푸딩, 과편
안정제	샐러드 드레싱
결착제	소시지 등 육가공품, 아이스크림

Chapter 4

밀가루

Section 1 밀의 분류와 구조

밀은 전 세계 인구의 60%가 주식으로 이용하고 있는 화본과에 속하는 식물이다. 특히 서양의 주된 에너지(energy) 공급원이다. 밀은 쌀과 더불어 중요한 곡식이지만 독특한 단백질 특성 때문에 대부분 제분하여 밀가루로 이용하고 있다.

1. 밀의 분류

밀은 재배시기, 경도, 내부구조, 종피색에 따라 분류할 수 있는데 표 4-1과 같다.

표 4-1 밀의 분류와 특징

분 류	종 류	특 징
재배시기	겨울밀(winter)	가을에 파종, 다음해 초 여름에 수확
	봄밀(spring)	봄에 파종, 여름에서 늦은 가을에 수확
경도	경질밀(hard)	낟알이 단단하고 단백질 함량이 많다. 강력분의 원료
	연질밀(soft)	낟알이 연하고 단백질 함량이 적다. 박력분의 원료
내부구조	초자질 소맥	절단면이 반투명, 단백질 함량 많고 경질
	분상질 소맥	절단면이 불투명, 단백질 함량 적고 연질
종피색	적소맥(red)	황색, 황금색, 적황색, 황적색, 적갈색
	백소맥(white)	약간 황색을 띤다.

2. 밀의 구조

밀알은 배아, 배유 껍질로 이루어져 있다. 이들의 구성비율은 산지, 품종에 따라 조금씩 다르다.

① 껍질층

전체 밀알의 14~15%를 차지한다. 외피, 종피, 호분층에 이르는 부분으로 소화가 잘 되지 않는 셀룰로오스가 많다.

② 배유

밀알 전체의 83~84%를 차지하는 부분으로 밀가루의 구성성분이 된다.

③ 배아

밀알의 등쪽에 붙어있고 배유와 접해있는 부분, 전체 밀알의 2%를 차지한다. 배아에는 지방이 상당량 포함되어 있어서 저장하는 동안 맛과 질을 변화시키기 때문에 제분할 때 껍질과 함께 분리시킨다.

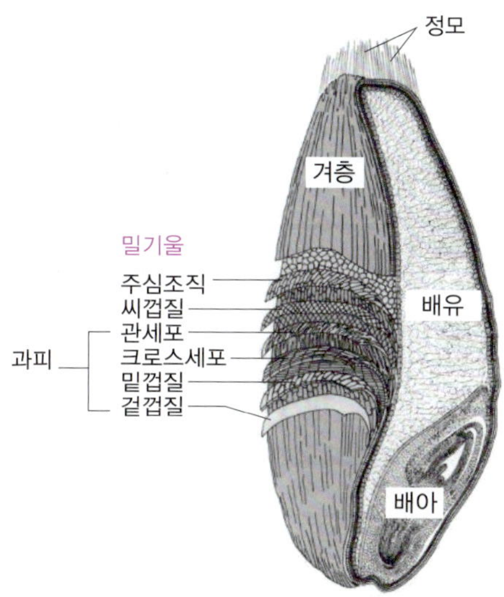

그림 4-1 밀의 구조

Section 2 밀의 제분과 숙성

1. 밀의 제분

밀은 중심부일수록 전분함량이 많고 외부 쪽으로 갈수록 단백질 함량이 많아진다. 밀알 중심부는 단백질 함량이 적어 조직이 쉽게 부스러져 가루로 되기 때문에 제분 시 단백질 함량이 낮은 것부터 나오게 된다.

2. 밀의 숙성

밀가루의 2차 가공성을 높이는 과정으로 제분 직후의 밀가루는 2차 가공성이 떨어지므로 일정기간 저장한 뒤 사용한다.

밀가루는 저장 중 단백질의 질이 저절로 개량되어 가공성이 높아진다. 이때 산화제를 첨가하면 단시간에 숙성된다.

Section 3 밀가루의 종류

밀가루의 종류는 두 가지 방법으로 나눈다. 하나는 제분율에 의한 분류 방법으로 소맥 입자 중심부에서부터 몇 %까지 가루에 섞였는지에 따라 분류하는 방법이고 다른 한 가지는 단백질 함량에 따른 분류이다.

1. 단백질 함량에 따른 분류

밀가루는 단백질 함량에 따라 강력분, 중력분, 박력분으로 분류된다. 이 외에 듀럼 밀(durum wheat)인 세몰리나(semolina)는 단백질 함량이 매우 많고 단단한 밀로 마카로니나 파스타를 만드는 데 이용된다.

(1) 강력분(hard wheat flour)

글루텐 함량 13% 이상인 경질밀로 만든다. 이 글루텐은 탄력성과 점성이 강하고 수분흡착력이 강하다. 식빵, 하드롤 등을 만들 때 이용한다.

(2) 중력분 (all purpose flour)

글루텐 함량 10~13%로 단백질 함량은 강력분과 박력분의 중간이며 탄력성, 점성, 수분 흡착력도 중간 정도이다. 주로 다목적으로 이용되는데 소면, 우동 등 면류와 크래커를 만들 때 이용한다.

(3) 박력분(soft wheat flour)

글루텐 함량이 10% 이하인 연질밀로 만든다. 글루텐의 탄력성, 점성, 수분 흡착력도 약하다. 케이크, 과자, 튀김옷에 주로 이용한다.

표 4-2 밀가루의 분류 및 용도

구 분	글루텐 함량	용 도
강력분	13% 이상	식빵, 하드롤, 파스타, 피자, 국수
중력분	10~13%	소면, 우동 등의 면류, 크래커
박력분	10% 이하	케이크, 과자, 튀김 옷

Section 4 밀가루의 구성성분

밀가루의 주요 성분조성은 탄수화물 75%, 단백질 8~16%, 지질 2% 이하, 수분 13%, 무기질 2%로 되어 있다. 그 밖에 비타민 B_1, B_2, B_6, E가 많이 함유되어 있다.

(1) 단백질

밀가루 단백질은 알부민, 글로불린, 글루텐 단백질인 글리아딘과 글루테닌 등이 있다.

(2) 탄수화물

밀가루에 함유되어 있는 탄수화물에는 대부분이 전분으로 75~80%로 가장 많으며, 그 밖에 식이섬유인 셀룰로오스, 헤미 셀룰로오스, 펜토산, 덱스트린, 당 등이 있다.

전분은 호화에 의해 점성이나 부착성이 증가하고 냉각하면 겔화가 일어난다. 밀가루를 반죽하면 전분 입자들이 수분을 흡수하여 팽윤하면서 글루텐의 망상구조 사이를 메워 반죽 시 생성되는 공기방울 사이의 벽을 형성한다. 따라서 전분도 글루텐의 망상구조를 형성하는 데 필수적이다.

(3) 지방

밀의 지방은 2% 정도이며, 배아와 밀기울에는 인지질이 많고 배유에는 당지질이 더 많이 함유되어 있다.

(4) 무기질

밀의 무기질 성분은 약 2%로 주로 외피와 배아에 들어 있다. 무기질 성분의 대부분은 인이 차지하고 그 다음은 칼륨이며 칼슘은 소량 함유되어 있다.

(5) 비타민

밀가루는 제분율이 높을수록 밀기울의 함량이 높고 비타민 B_1, B_2, B_6, 니아신(niacin), 판토텐산, 비타민 E가 다량 함유되어 있다.

(6) 색소

밀가루에 함유된 색소의 대부분은 카로티노이드로 이 색소는 밀가루 색에 관여하는데 이 색소가 많을수록 황색을 띤다. 일정기간 숙성을 시키면 색도 희고 제품의 품질도 좋아지나 자연숙성은 시간이 많이 소요되고 제품의 품질도 균일하지 못하기 때문에 밀가루의 인공적인 표백과 숙성을 위해 품질개량제를 사용한다.

Section 5 밀가루의 조리특성

1. 글루텐의 형성

밀가루에 수분이나 액체를 첨가하여 단백질이 수화되면 글리아딘(gliadin)과 글루테닌(glutenin)이 서로 연결되어 망상구조인 3차원 그물구조의 글루텐 복합체가 형성된다. 밀가루에 함유된 전분은 글루텐(gluten)의 망상구조 공간을 만드는 중요한 역할을 하고 있으며 점성이나 탄성은 가지지 않는다.

밀가루는 빵제품에 조직, 구조, 향미를 제공한다. 밀가루에 물을 첨가하고 혼합하면 수화가 일어나고 공기와 이산화탄소가 생성되도록 반죽하여 단백질인 글루텐을 형성한다. 글루텐은 글리아딘(gliadin)과 글루테닌(glutenin)이 물과 결합하여 3차원의 망상구조를 형성한 것이다.

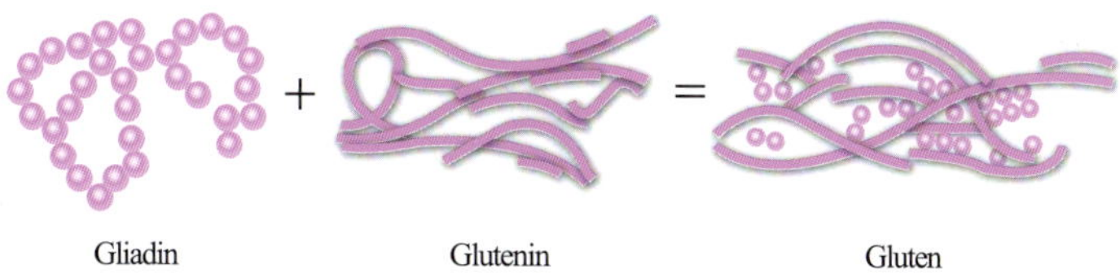

그림 4-2 글루텐 형성

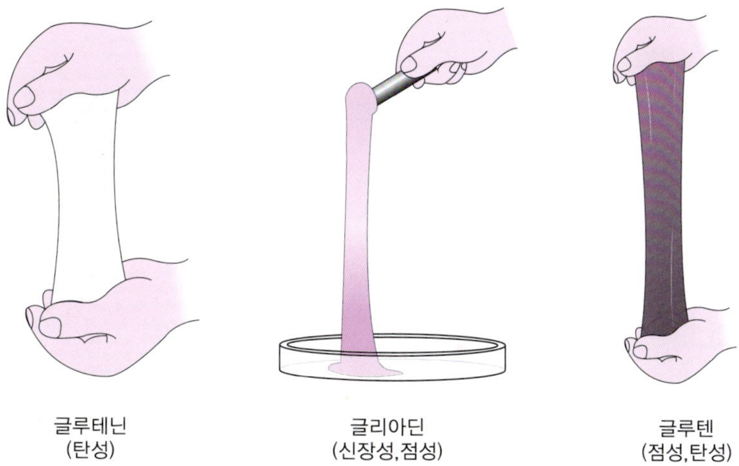

그림 4-3 글루테닌, 글리아딘, 글루텐의 특성

글리아딘은 부드럽고 접착성이 있어 글루텐의 응집성과 신장성에 영향을 주어 점성을 주고, 글루테닌은 탄력이 강해서 글루텐에 탄성을 준다.

2. 글루텐 형성에 영향을 주는 요인

(1) 밀가루의 종류

강력분은 박력분에 비해 더 많은 수분이 필요하며 반죽 후 더 단단하고 탄력있는 반죽이 된다. 글루텐의 형성속도는 연질밀이 경질밀보다 빠르게 형성된다. 글리아딘 함량이 높은 밀가루는 함량이 낮은 밀가루보다 더 오래 혼합해야 하지만 형성된 글루텐 구조는 더 안정적이다.

(2) 물을 첨가하는 방법

물을 다량으로 한 번에 첨가하는 것보다는 소량씩 가하는 쪽이 글루텐이 더 많이 형성된다.

(3) 반죽을 치대는 정도

물을 가하고 치대면 글루텐이 형성되기 시작하여 촘촘하고 입체적인 망상구조를 형성한다. 그러나 치대는 정도가 지나치면 형성된 글루텐 섬유가 지나치게 늘어나 가늘어지고 여기 저기 끊어져 반죽의 탄력성이 감소된다.

(4) 입자의 크기

밀가루 입자 크기는 글루텐 형성상태에 영향을 미치는데 입자의 크기가 작을수록 글루텐 형성이 용이하다.

(5) 반죽의 휴지

밀가루 반죽을 마르지 않게 랩에 싸서 적당한 시간 방치하면 반죽한 직후보다 신장성이 증가하여 밀기 쉽게 되는 상태를 휴지라고 한다. 이 현상은 휴지기간 중 숙성하여 균질화 되고 글루텐의 그물 구조가 완화되어 신장성이 증가한다.

(6) 온도

반죽의 온도는 글루텐 생성속도에 영향을 주는데 온도가 높아지면 단백질의 수화속도가 가속화되면서 글루텐 생성속도는 빨라지게 된다. 보통 30℃ 전후의 물이 이용되는데 수온이 너무 높으면 반죽은 연화되고 물의 온도가 너무 낮으면 밀가루의 흡수량이 낮아져 글루텐 형성이 억제된다. 튀김옷 등의 경우 이 같은 원리를 이용하여 15℃ 전후의 냉수에서 반죽하면 좋다.

3. 밀가루에 첨가되는 부재료의 역할

밀가루 반죽은 물 이외에 여러 부재료들을 사용하는데 액체, 소금, 설탕, 달걀, 유지, 팽창제 등의 첨가물은 반죽의 질에 영향을 미친다.

(1) 액체

밀가루 반죽에 사용되는 액체는 물, 우유, 과일즙 등이 있는데 밀가루에 대한 수분 첨가량은 글루텐 형성에 영향을 준다.

반죽 시 우유를 첨가하면 우유의 유지방과 레시틴(lecithin)이 작용하여 반죽이 덜 끈적거리고 성형을 용이하게 한다. 발효하는 동안 가스를 더 잘 보유하여 팽창이 잘 이루어져 부피감이 좋다. 또한 우유의 유당(lactose)은 마이야르 반응(Maillard reaction)을 일으켜 갈색의 빵 껍질을 형성한다.

톡톡 정보

밀가루 제품에 첨가하는 액체가 반죽과 굽는 과정에서 하는 역할

- 글루텐을 형성시키는 역할
- 소금, 설탕, 베이킹파우더의 용매역할
- 베이킹파우더에 반응을 일으켜 CO_2 형성 촉진
- 가열 시 스팀을 형성하여 팽창제 역할
- 밀가루 전분의 호화를 돕는다.

(2) 지방

지방은 반죽에 부드러움을 주고 부피를 증가시키며 구조와 향미, 색을 개선시키고 상하는 것을 방지한다.

① 쇼트닝(shortening) 성

지방은 불용성으로 밀가루 반죽에서 글루텐 표면에 얇은 막을 형성하여 글루텐의 망상조직 발달을 억제하여 연화작용을 한다.

② 갈변현상(browning reaction)

제품에 적당한 갈색과 향기를 부여한다.

③ 팽창제 역할

제과반죽 믹싱과정의 크림화(creaming) 과정에서 공기가 혼입되어 제품의 부피를 증가시키고 질감과 조직을 좋게 한다. 또한 굽기 과정에서도 팽창제로 작용한다.

(3) 설탕

설탕은 제품에 단맛을 부여하고 부피, 촉촉함, 부드러움, 색, 외관에 영향을 미친다. 설탕은 흡습성이 강해 밀 단백질의 수화를 감소시켜 글루텐 형성을 저해하고 수분증발을 억제한다.

설탕은 이스트 발효 시 영양분으로 쓰임으로서 발효를 촉진하며 이스트(yeast)에 의해 탄산가스가 쉽게 팽창하여 밀가루 반죽이 잘 부풀게 한다. 첨가된 계란 단백질의 열 응고를 억제함으로써 단백질의 연화작용을 한다. 또한 설탕의 양이 많으면 전분의 호화온도를 높이고 가열하면 캐러멜화 반응 또는 아미노-카보닐 반응을 통해 제품에 갈색과 캐러멜 향을 부여한다.

그러나 설탕이 많이 들어간 반죽은 글루텐 형성이 정상적으로 이루어지지 않아 반죽이 물러지고 가열 시 가스 팽창에 의한 압력을 견디지 못해 표면이 갈라진다. 반대로 설탕 양이 너무 적으면 결이 거칠고 제품이 질겨지기 쉽다.

(4) 소금

적당량의 소금을 사용했을 경우 소금은 맛을 향상시키며 반죽의 점탄성이 높아지고 단백질 분해효소인 프로테아제(protease)의 활성을 억제시켜 글루텐의 입체적 망상구조를 치밀하게 한다. 그러나 과량 사용 시 글루텐을 강화하여 질기게 한다.

(5) 달걀

달걀 단백질은 가열에 의해 단백질이 응고되면서 글루텐의 형성을 도와 제품 모양을 유지하며 색과 맛을 좋게 한다. 그러나 과량 사용 시 제품을 질기게 할 수 있다. 난백의 기포성은 반죽에 공기를 포함시켜 팽창제의 역할을 한다. 난황의 유화성으로 반죽 내 포함된 지방을 유화시켜 고루 분산시켜 주는 작용을 하여 조직이나 제품의 질을 향상시킨다. 제품의 색, 맛 등을 좋게 한다.

(6) 팽창제

팽창제는 밀가루 혼합물 내에 함유되어 있는 가스체 또는 가스를 발생할 수 있는 물질이다.

반죽 또는 굽는 과정에서 글루텐 그물구조를 다공질로 만들어 제품을 부풀게 하여 텍스처 특성에 중요한 역할을 한다.

1) 물리적 팽창제

① 공기

밀가루를 체로 치거나 건조 물질의 혼합과정, 지방과 설탕의 크림화 과정, 난백을 이용한 머랭(meringue)과정에서 자연적으로 반죽에 혼입되는 공기는 굽기 과정에서 팽창되어 많은 기공을 형성한다. 그러나 이 과정에서 혼입된 공기만으로는 적절한 부피를 형성하기 어렵기 때문에 반죽을 팽창시키는 공기를 증가시키기 위하여 달걀로 거품을 만들기도 하고 가소성을 가진 마가린이나 쇼트닝과 같은 고체 지방을 이용하기도 한다.

② 수증기

수분이 수증기로 전환될 때 부피가 1,600배나 증가한다. 따라서 수증기는 공기보다 훨씬 더 효과적인 팽창제이므로 오븐의 열은 반죽의 수분이나 액체를 증기로 전환시켜 제품을 팽창시킨다. 단, 증기가 팽창제로 이용될 때는 빠른 시간 내에 고온이 유지되어야 한다.

2) 생물적 팽창제

① 이스트란?

발효빵의 팽창은 함유된 가스의 열팽창만이 아니고 발효에 의해 증가한 가스로 특유의 많은 팽창이 일어난다. 발효에 의해 반죽 중의 성분을 분해하여 탄산가스를 발생하여 밀가루 제품을 팽창시키는 대표적 물질로 이스트가 있다. 이스트는 반죽 중의 당을 분해하여 이산화탄소와 에탄올을 생성한다. 이 때 이스트는 *Saccharomyces cerevisiae*에 속한 효모를 많이 사용하고 많은 양의 탄산가스를 생성한다.

이스트의 작용에는 여러 가지 요인이 영향을 미치는데 포도당, 설탕, 과당, 맥아당을 기질로 온도 28~30℃, pH 4.5~5.5의 최적의 조건을 맞추면 반응성이 좋게 된다. 이스트는 살아있는 미생물이므로 영양소가 요구되는데 주로 당을 필요로 하고 그 밖에 질소물질, Ca, P, 물 등도 영양소로 쓰인다.

이스트는 단당류를 발효시켜 탄산가스와 알코올을 생성시키는데 탄산가스는 빵을 부풀게 하고 알코올은 빵에 향을 부여한다.

$C_6H_{12}O_6$(단당류)$=2CO_2$(탄산가스)$+2C_2H_5OH$(알코올)

② 이스트의 종류

- Compressed yeast (압착이스트) : 생이스트를 전분과 혼합하여 압착한 것으로 쉽게 탄산가스를 생성시킬 수 있으나 65~75%의 수분을 포함하고 있어 쉽게 상할 수 있어 유통기간이 제한되고 냉장보관해야 한다.
- Dry yeast : 활성건조이스트로 이스트의 생입자를 고운 입자로 말린 것이다. 수분 함량이 8% 정도로 밀봉한 상태로 최소 6개월, 냉동상태로 2년 동안 저장이 가능해 보관하기에 편리하다. 재수화 시에 온도는 40~46℃ 범위가 적당하며 온도가 낮은 경우 반죽의 탄성을 감소시키고 끈적임을 증가시키는 원인이 될 수 있고 60℃ 이상에서는 이스트가 사멸하게 된다.
- Starter (스타터) : 이스트를 넣고 발효시킨 반죽의 일부를 남겨 두었다가 밀가루 반죽을 할 때 스타터로 사용할 수 있는 물질이다. 일주일에 1~2회 정도 빵을 만들 때 사용하며 쉽게 상하므로 보관에 유의해야 한다.

- Liquid yeast(액체이스트) : 감자, 물, 설탕, 이스트를 혼합하여 만든 것으로 쉽게 상하므로 반드시 냉장보관해야 한다.

3) 화학적 팽창제

① 중탄산나트륨($2NaHCO_3$)

식소다로 단독 사용하는 경우 강알칼리성의 탄산나트륨으로 인해 밀가루의 플라본계 색소가 황색으로 변하고 독특한 풍미를 갖게 된다.

$$2NaHCO_3 \rightarrow CO_2 + NaCO_3 + H_2O$$

② 베이킹파우더(baking powder)

베이킹파우더는 소다의 결함을 보완한 것으로 이산화탄소를 생성하여 반죽을 부풀게 하는 산이나 산을 형성할 수 있는 재료, 전분 등을 포함한 물질이다. 베이킹파우더는 베이킹소다에 주석산, 주석영, 인산, 인산염, 알루미늄 화합물의 산이나 산성염과 전분을 혼합하여 만든 것이다. 베이킹파우더로 팽창시킨 제품은 희고 쓴맛이 없으며 비타민 B_1의 파괴도 일어나지 않는다. 전분을 포함하는 이유는 습기 흡수를 방지하여 산과 알칼리가 쉽게 반응하는 것과 탄산가스의 과다한 발생을 방지하기 위함이다.

표 4-3 베이킹파우더의 작용 및 종류

구 분	작 용	종 류
단일반응 베이킹파우더	물에 닿으면 탄산가스 발생	주석산염 베이킹파우더 인산염 베이킹파우더 황산염 베이킹파우더
이중반응 베이킹파우더	물에 닿으면 일차로 소량의 탄산가스를 발생하고 열을 가했을 때 본격적으로 탄산가스 발생	황산염-인산염 베이킹파우더

Section 6 밀가루를 이용한 식품

1. 반죽

밀가루 반죽은 밀가루와 액체의 비율에 따라 도우(dough)와 배터(batter)로 구분된다. 도우(dough)는 된 반죽으로 물이 소량 첨가되어 도마 위에 올려놓고 반죽할 수 있을 정도로 단단한 반죽을 말한다. 배터(batter)는 묽은 반죽으로 반죽에 충분한 액체가 첨가되어 주걱이나 숟가락으로 쉽게 저을 수 있는 상태의 무른 반죽이다.

표 4-4 반죽의 종류 및 용도

종 류		용 도
도우 (dough)	soft dough	이스트빵, 롤, 비스킷, 스콘, 또띨라
	stiff dough	파스타, 파이, 패스트리
배터 (batter)	pour batter	팬케이크, 크레이프, 케이크, 와플
	drop batter	머핀

2. 면류

면 종류에 대한 밀가루의 점성은 다르다. 우동, 소면에는 중력분, 중화면에는 강력분, 마카로니나 파스타류에는 세몰리나(semolina)가 이용된다. 면 종류에 특성을 강화할 목적으로 다량의 식염을 가하거나 중탄산나트륨을 가하기도 하는데 중탄산나트륨을 가하면 글루텐 형성이 촉진되어 수축효과를 나타내어 반죽이 강한 탄성을 띠게 되고 알칼리성이 플라본계 색소를 황변시켜 중화면에 독특한 향미를 부여한다.

3. 루(Roux)

루는 밀가루를 수분 없이 버터나 마가린 등으로 볶은 것으로 주로 전분의 호정화에 의한 점성을 이용한 조리로 소스나 수프에 농도를 부여하여 특유의 풍미와 매끈한 맛을 준다. 루는 볶는 온도에 따라 색이나 풍미가 다른데 120~130℃로 볶은 것을 화이트루, 140~150℃로 볶은 것을 크림루, 180~190℃로 볶은 것을 브라운루라고 부른다. 강력분보다는 박력분이 볶기 쉽고 소스의 상태변화도 적으며 버터와 밀가루의 비율을 1 : 1로 하여 저온에서 오래 볶는 것이 유동성이 있고 균일하게 분산시키기가 좋다.

4. 튀김옷

튀김옷은 기본 밀가루에 여러 가지 혼합물을 첨가한 것으로, 밀가루 전분의 흡습성과 호화성을 이용한 식품이다. 전분은 가열에 의해 튀김옷과 재료로부터 물이 흡수되어 호화되고 튀김옷을 고정하는 역할을 한다. 이때 튀김옷의 수분은 고온가열에 의해 증발하고 대신 유지가 튀김옷에 흡착한다.

튀김가루는 부풀리게 해서 바삭한 질감을 줘야 하므로 재료 중에 박력분의 비율이 높고 베이킹파우더가 들어 있어 튀김을 하면 부풀어 오르는 효과가 있으며 전분가루가 포함되어 있어 바삭거린다.

5. 빵

① 발효빵

이스트를 이용하여 팽화시킨 것으로 일반적인 빵제품이 여기에 속한다. 발효빵의 대표적인 것으로는 인도의 난이나 식빵을 들 수 있는데 식빵의 제조법에는 직접 반죽법과 스펀지법으로 나눈다. 직접 반죽법은 재료 전부를 한꺼번에 넣어서 발효시키는 방법으로 단시간에 발효가 끝나고 제품의 향기가 좋아지고 발효 중의 감량이 적어지는 장점이 있다.

스펀지법은 먼저 밀가루의 1/3~1/2 가량에 이스트를 넣고 2~4시간 발효시킨 후 나머지 재료를 가하여 본 반죽을 하는 방법으로 직접 반죽법에 비해 노력이 많이 필요하고 작업시간이 길며 발효 중의 감량이 큰 단점이 있으나 이스트가 절약되고 가볍고 좋은 조직의 빵을 얻을 수 있는 장점이 있다.

② 비발효빵

이스트를 사용하지 않고 그외 팽창제를 이용하여 부풀린 빵으로 퀵브레드, 케이크, 쿠키, 케이크도넛, 비스킷 등이 있다.

Chapter 5

서 류

서류는 식물의 땅속줄기나 뿌리의 일부가 비대해져 전분과 다당류를 저장하는 덩이로 이루어진 것으로 분류상 근채류에 속한다. 서류는 전분 함량이 많아 주식이나 주식 대용으로 사용되며 감자, 고구마, 카사바, 돼지감자, 토란, 마 등이 있다.

Section 1 서류의 구성성분

서류의 주성분은 곡류와 같은 탄수화물로 대부분이 전분이고 수분 함량은 70~80%로 수분함량이 많아 곡류에 비해 저장성이 낮고 수송이 어려운 단점이 있다. 그러나 생산과 재배가 비교적 쉽고 칼슘, 인 등과 같은 무기질이 풍부하며 열에 잘 파괴되지 않는 비타민 함량도 비교적 높다.

Section 2 서류의 종류와 조리 이용

1. 감 자

감자는 일년생 식물로 땅속 줄기 부분이 비대하여 형성된 괴경을 식용한다. 감자의 품종은 가장 흔히 먹는 수미를 비롯하여 현재 16품종이 보급되고 있으며, 껍질의 색에 따라 백황색, 자색, 적색의 감자로 구분할 수 있다.

(1) 성분

감자는 수분을 약 80% 정도 함유하고 있으며, 15~20% 정도가 탄수화물로 대부분 전분의 형태로 존재한다. 전분의 조성은 다른 곡류와 같이 아밀로오스와 아밀로펙틴이 2 : 8의 비율이지만, 곡류에 비하여 입자가 커서 빨리 호화된다. 감자의 단백질은 1% 내외로 주된 단백질은 글로불린에 속하는 튜베린(tuberin)이다. 곡류에 비해 단백질 함량은 낮고 메티오닌이 부족하지만 필수아미노산은 리신을 비롯하여 대부분 풍부하다.

감자는 비타민 C의 함량이 높은 편인데 껍질에 특히 많이 존재하며 가열조리에도 비교적 안정하여 비타민 C의 좋은 급원이다. 무기질은 칼륨과 인이 풍부하며 칼슘 함량은 매우 낮다.

감자의 성분은 수확시기에 따라 다른데 성장함에 따라 수분과 당분 함량은 감소하고 전분 함량은 크게 증가하며, 단백질 함량도 약간 증가된다. 일반적으로 감자는 가식부의 색이 진할수록 단백질 함량이 높고 전분 함량은 낮다.

(2) 종류

감자는 전분 함량에 따라 전분 함량이 높은 분질감자와 전분 함량이 낮은 점질감자로 나눌 수 있다.

① 분질감자

분질감자(mealy potato)는 가열했을 때 불투명하고 건조한 흰색을 띠며 윤이나지 않고 포실포실한 질감을 갖는다. 비중이 1.11~1.12로 높으며 쉽게 탈피하여 터져 부스러지기 쉽다. 분질감자는 부서지기 쉬우므로 구운 감자나 매시드 포테이토(mashed potato), 프렌치 프라이드 포테이토(french fride potato) 등에 적합하다.

한편, 분질감자에는 펙틴(pectin)이 많이 함유되어 있는데 고온일 때 유동성을 가져 세포분리가 용이하므로 감자를 뜨거울 때 으깨야 한다. 감자가 식으면 펙틴이 유동성을 상실하여 세포 간 다시 결착되어 끈기가 생기므로 잘 으깨지지 않는다. 식은 감자를 무리하게 으깨면 세포막이 파괴되고 호화전분이 유출되어 점착성이 증가하므로 질척하게 되어 맛이 없어진다.

톡톡 정보

• 감자의 종류와 체에 내리는 방법

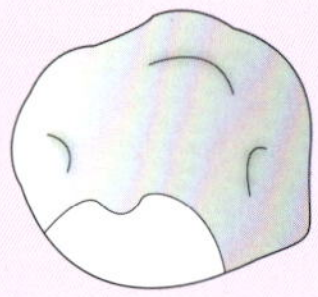

점질감자

단단하고 알차며 껍질색은 담황갈색이고 속은 담황색이다.
전분이 적고 저온저장 시 단맛과 점성이 증가하여 조림, 볶음에 적당하다.

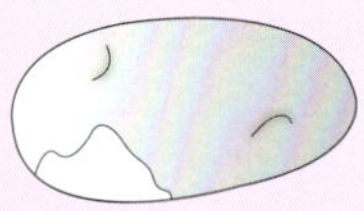

분질감자

파삭파삭하고 껍질색은 담황백색, 속은 흰색이다. 전분을 많이 함유하고 있으며 으깬 감자, 샐러드 등에 적당하다.

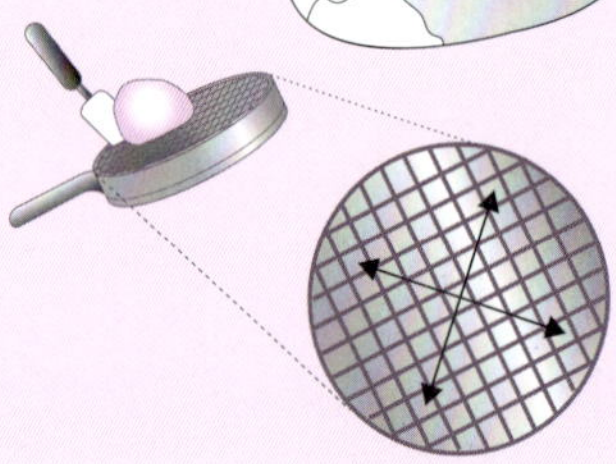

체 구멍의 대각선으로 받친다

② 점질감자

점질감자(waxy potato)는 가열 후 외관이 반투명하고 촉촉하고 찰진 질감을 가지는 감자로 비중이 1.07~1.08로 낮은 편이다. 점질감자는 찌거나 삶아도 잘 부서지지 않고 모양이 잘 유지되어 볶는 요리에 적합하며 볶음, 조림 등에 이용된다.

표 5-1 점질감자와 분질감자의 특성 비교

분 류	분질감자	점질감자
비중	1.09~1.12	1.07~1.08
특징	삶으면 껍질이 터지고 가루분이 생김	삶아도 형태가 변하지 않음
전분 입자 크기	크다	작다
전분 함량	높다	낮다
수분 함량	적다	많다
당분 함량	적다	많다
가식부의 색	흰색	황색
질감	가열시 불투명하고 윤기가 나지 않으며 포실포실한 가루가 있는 파삭한 질감으로 건조함	가열시 반투명하고 찰진 질감으로 부드럽고 촉촉함
용도	찌기, 굽기, 튀기기, 으깬 감자	볶기, 조림, 삶기, 수프, 샐러드

톡톡 정보

• **분질감자와 점질감자를 구별하는 방법은?**

분질감자와 점질감자의 비중이 다른 점을 이용해 점질감자와 분질감자를 구별할 수 있다. 물 11컵에 소금 1컵을 녹인 소금물에 감자를 담갔을 때 뜨면 비중이 낮은 점질감자이고, 가라앉는 감자는 분질감자이다.

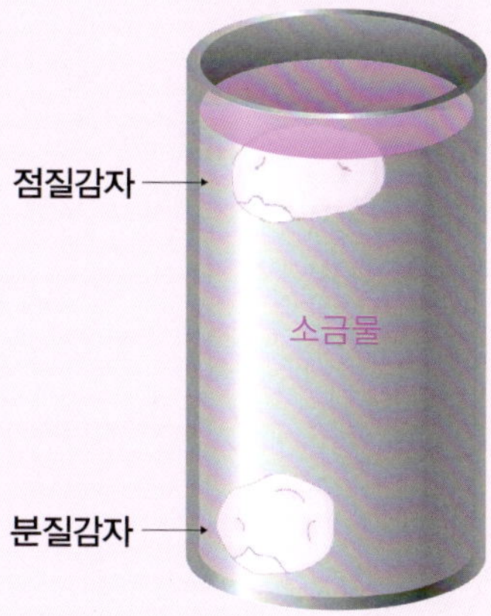

(3) 효소적 갈변반응

감자의 껍질을 벗기거나 썰어서 공기 중에 방치하면 표면이 갈색으로 변하는 것을 볼 수 있다. 이는 효소에 의한 갈변으로 감자 절단 시 세포가 파괴되어 세포 내의 티로시나아제(tyrosinase)라는 산화효소가 공기 중의 산소에 의해 활성화되고 이 효소의 기질인 티로신(tyrosin)과 반응하여 멜라로이딘(melanoidine)이라는 갈색 물질을 형성하기 때문이다.

이러한 갈변을 방지하기 위해서는 껍질을 벗긴 감자를 물에 담가 수용성 물질인 티로시나아제나 티로신을 용출시켜 제거하거나 산소와의 접촉을 차단하여 산화가 일어나지 않도록 한다. 또한 산이나 아스코르브산(ascorbic acid)을 첨가하거나 비타민 C 용액에 담그면 환원작용이 일어나 꺼낸 후에도 갈변을 방지할 수 있다.

(4) 조리 및 이용

감자는 찌거나 굽거나 튀기기 등의 조리 용도로 사용하는 것 외에도 가공되어 다양하게 이용된다. 감자는 가공하여 전분 · 물엿 · 포도당 · 주정 등의 제조 원료로 이용되며, 감자칩 등의 기호용 간식으로도 이용한다. 감자를 볶거나 튀길 경우에는 미리 찬물에 담가 전분을 제거하고 물기 제거 후 사용하는 것이 좋다. 그 이유는 감자에 전분이 남아 있게 되면 서로 달라붙고 질척거리기 때문이다.

(5) 보관 및 저장

감자는 보관 중 빛을 받게 되면 클로로필(chlorophyll)이 생성되어 표면이 녹색을 띠고 쓴맛을 내며 전분 함량이 감소해 끈기가 적어져 맛이 없게 된다. 감자가 햇빛에 노출되어 생긴 껍질의 녹색 부분이나 발아 중인 싹에는 솔라닌(solanine)이라는 알칼로이드(alkaloid)계 화합물이 들어 있는데, 독성물질로 다량 섭취하게 되면 식중독을 유발한다. 또한 솔라닌은 열에 강해 가열조리에도 파괴되지 않으므로 싹이 난 부위는 제거하고 조리해야 한다. 따라서 감자를 보관할 때는 검은색 종이나 천으로 빛을 차단하여 서늘한 곳에 보관하는 것이 좋다.

감자는 수확 후 저장온도에 따라 당의 함량이 달라지는데 실온에 저장하면 호흡작용이 활발해져 당이 많이 소모되며 당의 함량이 낮아지고, 저온에 저장하면 호흡작용이 느려져 서서히 전분이 당화되어 단맛이 증가한다. 따라서 감자튀김을 할 경우에는 냉장온도보다는 실온 보관한 감자를 이용하는 것이 좋다.

2. 고구마

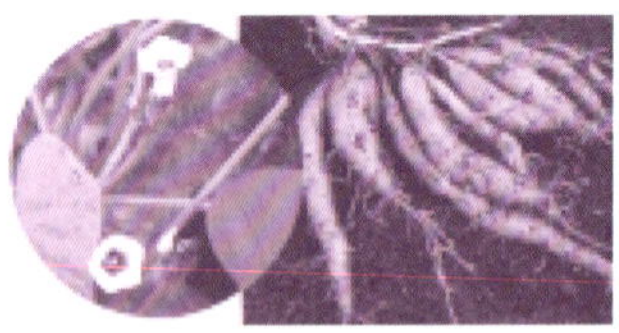

고구마는 땅속 덩이뿌리가 비대해져 형성된 일년생 식물로 껍질색은 적자색이고 육색은 황색 또는 황백색을 띠는 것이 많으며, 감자보다는 당분의 함량이 많아 단맛이 강하다.

(1) 성분

고구마는 일반적으로 수분 함량이 감자에 비해 적고 탄수화물이 많아 열량이 높으며 주성분은 당질로 대부분이 전분이다. 그 밖에도 자당, 포도당, 과당 등이 탄수화물 중 약 20%를 차지하고 있어서 단맛이 강하다.

고구마는 수확시기에는 전분 함량이 높으나 고구마를 저장하면 일반적으로 전분 함량이 감소하고 당분이 증가하는데 이는 아밀라아제(β-amylase)가 저장 중에 전분을 맥아당으로 분해하여 당화하기 때문이다. 고구마는 1~2% 정도의 단백질을 함유하고 있는데 주된 단백질은 글로불린에 속하는 이포메인(ipomain)으로 감자보다 양은 적지만 질은 우수하다.

고구마의 무기질은 칼륨의 함량이 많아 체내과잉의 나트륨을 몸 밖으로 배출시키는 역할을 한다. 고구마는 비타민 B군과 비타민 C가 풍부하며 셀룰로오스(cellulose)가 많아 장의 연동운동을 촉진하여 변비를 예방하고, 혈청 콜레스테롤을 감소시켜 준다. 그리고 위장에서 머무르는 시간이 길어 공복감을 덜 느끼게 되므로 비만 예방에도 효과적이다. 그러나 장내에서 이상 발효하여 배 속에 가스가 차기 쉽다.

한편 고구마의 노란색은 카로틴(carotene)에 의한 것으로 색이 노란 호박고구마는 일반 고구마에 비해 카로티노이드 함량이 높다. 고구마를 절단하면 표면에 유백색의 점액이 나오는데 이는 고구마의 특수성분으로 얄라핀(jalapin)이라고 하는 수지배당체이다. 이 성분은 점성을 가지며 공기와 접촉하면 산화되어 검은색으로 변하는데 물에 용해되지 않아 제거하기 어렵다.

(2) 종류

고구마는 가열했을 때 수분이 적고 단단한 질감의 분질고구마와 수분이 많고 단맛이 강한 점질고구마가 있다. 분질고구마는 단맛은 약하지만 전분이 많고 맛이 좋아서 식용에 적합하고, 점질고구마는 전분은 비교적 적고 당분이 많아서 식용보다는 전분 및 사료 제조에 주로 사용된다. 구운 고구마에는 점질고구마를 사용하는 것이 맛이 좋으며 찐고구마를 조리할 경우에는 분질고구마를 사용하는 것이 좋다.

(3) 조리특성

고구마는 수분 함량이 많아 찌거나 삶을 때 물을 첨가하지 않아도 자체 내의 수분으로 충분히 호화된다. 또한 고구마를 튀길 경우 뜨거운 온도에 의해 전분이 호화되면서 기름이 흡유되므로 튀길 때 기름이 튀지 않는다.

고구마의 β-아밀라아제는 전분을 가수분해하여 맥아당과 포도당을 생성해 단맛을 내게 하는데, 이와 같은 현상은 β-아밀라아제의 최적온도인 50~75℃에서 활발히 일어난다. 따라서 단맛이 강한 고구마를 만들려면 β-아밀라아제의 활성화 온도에서 가열하여 당화작용이 충분히 일어나도록 하면 된다. 또한 고구마를 구울 때는 서서히 가열해야 강한 단맛의 고구마를 만들 수 있는데, 이는 고구마의 내부온도를 β-아밀라아제의 최적온도로 오래 유지할 수 있기 때문이다.

껍질 벗긴 고구마를 물 속에 오랜시간 담가 두면 고구마 세포가 죽어 가열해도 연화되지 않는 관수현상이 발생하게 된다. 이는 고구마의 세포질 내에서 삼투작용을 하는 칼슘과 마그네슘 이온이 세포막이 파괴되면서 세포막에 존재하는 펙틴과 결합하여 불용성의 펙틴산염(pectate)을 형성하여 조직이 단단하게 되기 때문이다. 또한 고구마를 너무 낮은 온도에서 가열하거나 완전히 익히지 않은 고구마를 찌거나 구워도 조직이 연화되지 않는데 이것도 관수현상 때문이다.

(4) 조리 및 이용

고구마는 찐고구마, 군고구마, 튀김, 샐러드 등으로 다양하게 이용될 뿐만 아니라 전분, 당면, 제과, 물엿, 주정의 가공원료로도 사용된다. 또한 고구마의 전분입자는 쉽게 분리되므로 고구마 전분을 제조하여 조리에 이용하며 고구마줄기는 부식으로 이용된다.

톡톡 정보

- 고구마를 맛있게 먹는 방법은?

  얼지 않는 곳에 오랜 시간 저장하면 수분이 감소되고 전분이 분해되어 당함량이 높아지므로 굽거나 찌면 강한 단맛의 고구마가 된다.

(5) 보관 및 저장

고구마는 저장하는 동안 연부병이나 흑반병에 의해 변질되기 쉽고 냉장 보관시에는 냉해를 일으키므로 13℃ 정도의 온도와 85~90%의 습도에서 보관하는 것이 좋다.

3. 토란

토란은 대개 7~8월에 수확하여 추석 전후에 많이 이용하는데, 대부분 생토란으로 이용된다.

토란의 성분은 수분이 약 80%로 열량이 낮은 편이며 주성분은 탄수화물로 대부분이 전분이다.

그 밖에 텍스트린과 설탕 등이 함유되어 있어서 토란 고유의 단맛을 내며 무기질은 칼륨이 많다. 토란의 껍질을 벗겼을 때 미끈거리는 점성 물질은 갈락토오스와 단백질 결합체인 수용성의 당단백질로 갈락탄(galactan)이라는 다당류이다. 이 물질은 전분과 함께 토란 고유의 맛을 내지만, 가열조리 중 국물에 거품을 생성하여 끓어넘치게 하고, 국물의 점도를 높여 열전도나 조미료의 침투를 방해한다.

토란의 점질물질은 쌀뜨물에 데치면 제거되며, 또한 이 점질물은 1%의 소금물에서 응고되므로 소금물에 데쳐 점질물을 제거한 후 사용하면 국물도 맑아지고 맛 성분의 침투를 효과적으로 할 수 있다.

한편 토란 껍질에는 수산칼슘이 있어 토란을 만지면 피부가 자극되어 손이 가려운데 소금물이나 식초물에 씻으면 쉽게 사라진다. 토란 특유의 아린맛은 호모겐티스산(homogentisic acid)에 의한 것으로 물에 담가두거나 소금물에 데치면 아린맛이 제거된다.

토란은 토란탕, 토란병 등에 이용되고 토란줄기는 껍질을 벗겨 건조시켜 나물로 이용한다.

4. 마

마는 다년생의 덩굴식물로 주성분은 전분과 점질다당류로 수분함량이 적고 점성이 강하다. 점질물질은 뮤신(mucin)이며 α-아밀라아제와 같은 효소를 많이 함유하고 있어 소화를 촉진시킨다. 마는 점성이 강해 갈아서 생식하는데 생식을 해도 소화가 잘 될 뿐만 아니라 가열에 의한 비타민의 손실도 적다.

5. 구약감자

구약감자는 천남성과 토란속에 속하며 뿌리를 말려 섬유질을 제거한 후 가루를 만들어 곤약(崑蒻, elephant foot)을 제조한다. 곤약의 성분은 수분이 약 95%, 당질 약 3%로 저열량 식품이며 섬유소와 무기질이 소량 함유되어 있다.

수용성 식이섬유인 글루코만난(glucomannan)이 많아 특유의 겔 형성력을 이용하여 묵처럼 겔화시켜 곤약을 만든다. 곤약은 특유의 향이 있어 조리할 때는 끓는 물에 데쳐서 사용하는 것이 좋다.

6. 돼지감자

돼지감자는 국화과에 속하는 뿌리식물로 우리나라 전역에서 분포하고 돼지의 사료로 사용되어 돼지감자라고 명칭되었으며 우리나라에서는 '뚱딴지' 라고도 한다. 돼지감자의 주성분은 과당의 다당류인 이눌린(inulin)으로 산이나 효소로 가수분해하여 과당의 원료, 엿, 알코올 제조용, 사료 등으로 이용된다. 생돼지감자는 특이한 냄새가 나고 사람의 체내에는 이눌린을 분해하는 효소가 없어 흡수되지 못하므로 가열하여 먹는 것이 좋으며, 대부분 사료로 이용된다.

7. 카사바

카사바(cassava)는 덩이뿌리를 이용하는 것으로 전분이 약 20~25%로 함유되어 있고, 칼슘과 비타민 C가 풍부하다. 카사바는 전분제조, 주정의 원료로 사용되며 사료로도 이용된다. 또한 카사바는 물에 담가도 불지 않으므로 음료 등에 많이 이용한다.

타피오카(tapioca)는 카사바의 뿌리에서 추출한 식용 전분으로 과자, 알코올, 요리의 원료 등으로 사용된다. 감미종은 소형으로 단맛이 있고 약 30%의 전분을 함유하고 있어 고구마처럼 삶아서 식용하기도 하고, 고미종은 대형으로 쓴맛이 강하여 그대로 식용하지 못하고 전분제조 원료로 사용된다.

8. 야 콘

야콘(yacon)은 열대 남아메리카가 원산인 국화과 다년생 식물로 주로 덩이뿌리를 식용하는데 당도가 높다. 포도당, 과당, 자당, 올리고당의 형태로 탄수화물을 저장하여 고구마처럼 단맛이 나고 수분이 많으며, 아삭한 질감이 있어 생것은 샐러드나 과일로 이용되고, 삶거나 구워먹기도 한다. 또한 가공한 야콘 전분은 야콘냉면, 야콘국수 등에 이용된다.

Chapter 6
당 류

당류는 단맛을 내는 것으로 분자량의 크기나 종류에 따라 단맛에 차이가 있고 분자량이 클수록 단맛이 감소하는데, 이는 용해도가 감소하기 때문이다. 당질 중 감미가 있고 분자량이 적어 물에 잘 용해되는 단당류와 이당류를 모두 '당류' 라고 한다.

Section 1 당의 특성

(1) 감미도

식품은 구성하는 당의 종류에 따라 각각의 독특한 단맛을 가지고 있다. 예를 들면 과일은 과당이 주성분이고 설탕은 서당, 시럽은 전화당이 주성분인데 그 구성 당의 종류에 따라 다른 특징적인 단맛을 가지고 있는 것이다.

단맛을 비교하는 감미도는 일반적으로 이성체가 없어 온도에 따른 감미의 변화가 없는 설탕을 기준으로 삼는다.

톡톡 정보

- 단맛이 강한 순서

  과당 → 전화당 → 자당(설탕) → 포도당 → 맥아당 → 유당의 순으로 과당이 단맛이 가장 강하다.

(2) 용해도

당류는 일반적으로 물에 잘 용해되지만 단맛이 강한 과당이 단맛이 약한 유당보다 더 잘 녹는다.

당류의 용해도는 온도에 영향을 받는데 설탕을 0℃, 1,000mL의 물에 179g이 용해된다면 100℃, 1,000mL에서는 487g이 용해되듯이 당류는 온도가 높을수록 더 잘 용해된다.

(3) 흡습성

당류는 수분을 흡수하는 성질이 있어 장마철 설탕이 덩어리지는 원인이 된다. 흡습성이 특히 강한 과당을 함유한 식품을 넣어 만든 케이크는 오랫동안 촉촉한 상태를 유지할 수 있다.

(4) 가수분해

① 산에 의한 가수분해
② 효소에 의한 가수분해
③ 알칼리에 의한 가수분해

(5) 갈변

당을 가열하게 되면 캐러멜 반응과 마이야르 반응에 의해 갈변을 일으킨다.

① 캐러멜 반응(caramelization)

당류만 존재할 때 가열에 의해 흑갈색의 캐러멜을 형성하는 갈변현상이다. 캐러멜 반응은 갈색색소 및 독특한 맛과 향을 생성하므로 가공식품의 착색 또는 착향에 많이 이용된다.

② 마이야르 반응

마이야르 반응은 당이 아미노산과 만나 갈색물질인 멜라노이딘(melanoidin)을 형성하는 것으로 간장,된장의 갈변이나 계란물을 칠한 빵 표면의 갈변처럼 당과 단백질을 같이 함유한 식품을 가열할 때 일어나는 반응이다.

Section 2 당류의 종류 및 기능

당류는 주로 식물인 사탕수수, 사탕무, 단풍나무, 옥수수 등에서 얻게 된다. 우유의 유당은 동물에서 얻어지는 유일한 당이다. 당류는 천연감미료와 합성감미료로 크게 구분되며 음식의 조리나 가공 시 첨가되어 사용된다.

(1) 설탕(sucrose)

설탕은 서당, 자당이라고도 하며 일반적으로 가장 많이 사용되는 결정형의 당이다. 원료는 사탕무와 사탕수수이며 롤러(roller)로 압착하여 짜낸 즙액을 가열, 침전, 원심분리 등의 정제과정을 통해 만들어진다. 설탕은 1분자의 포도당과 1분자의 과당이 결합한 이당류이다.

원심분리 과정에서 생기는 결정이 원당 (brown sugar)이며 위의 갈색용액을 당밀(molasses)이라고 한다.

종류로는 백설탕, 분당, 황설탕, 흑설탕, 각설탕, 커피슈거 등이 있다.

① 백설탕

일반적으로 식품에 가장 널리 사용되는 당으로 사탕수수나 사탕무의 즙액에서 얻어 정제과정을 거쳐 만들어지는 백색의 결정체이다.

② 황설탕 (yellow sugar)

황설탕은 백설탕보다 덜 정제된 것으로 백설탕보다 방향이 있으며 수분함량이 더 많고 신맛이 더 강하다.

③ 흑설탕 (brown sugar)

설탕을 정제하는 과정에서 불순물이 거의 정제되지 않은 원당으로 진한 갈색을 띠며 당도는 설탕보다 낮지만 독특한 방향을 가진다. 정제할수록 색이 옅어지며 수정과나 약식에 갈색을 내기 위해 많이 사용한다. 흡습력이 강해 밀봉하여 보관한다.

④ 분당 (powder sugar)

그래뉴당(granulated sugar)을 갈아서 만든 분말 형태의 설탕으로 용해도가 높다. 분당은 3% 정도의 옥수수 전분과 혼합 제조하여 당류가 서로 엉기는 것을 방지한다. 제과제품을 만들 때 주로 쓰이며 수분결합을 도와준다.

⑤ 각설탕 (cube sugar)

백설탕에 시럽을 넣어 틀에 넣고 성형하여 60℃의 온도에서 건조한 것으로 주로 coffee 등의 음료에 사용한다.

톡톡 정보

• 각설탕 보관 요령

습도나 기온이 높은 여름철에는 좋지 못한 냄새가 옮기 쉬우므로 강한 향을 가진 물건 옆에 보관하지 않는다.

(2) 포도당(glucose)

자연에 가장 흔히 존재하는 단당류로 단맛이 나는 과일, 꿀 등에 많이 함유되어 있다. 포도당은 이당류, 다당류, 올리고당의 구성성분이다. 포도당은 제빵에서 빵의 촉감이나 결을 부드럽게 하고 촉촉함을 오랫동안 유지하도록 한다. 감미도가 설탕의 75%로 캔디, 음료, 제과, 과일 통조림 등의 식품제조에 주로 이용된다.

(3) 과당(fructose)

과당은 천연의 꿀과 과일에 주로 존재하고 설탕의 구성성분이다. 과당의 단맛은 설탕의 1.8배로 당류 중 감미도가 가장 높고 흡수성이 크고 용해도가 높아 과포화되기 쉬우므로 결정화되기 어렵고 끈적거림이 있다. 점도는 설탕이나 포도당보다 적다.

(4) 유당(lactose)

포유동물의 유즙 등에 존재하며 이당류로 모든 당 중에서 가장 낮은 단맛을 가진다.

(5) 물엿(corn syrup)

옥수수 전분에 산이나 효소를 가하여 포도당, 맥아당, 텍스트린이 적당히 섞일 때까지 가수분해 된 것을 탈색과 가열과정을 거쳐 농축시킨 것이다. 설탕에 비해 보수성이 높고 촉촉한 질감과 광택이 있어 각종 조림에 이용되며 케이크, 잼 등에도 이용된다.

(6) 꿀(honey)

꿀은 꿀벌에 의해 꽃으로부터 모은 당액에서 꽃가루, 밀납을 제거하여 정제한 것으로 과당의 함량이 많다. 꿀의 구성성분은 과당 40%, 포도당 35%, 설탕 2%와 그 외 성분으로 구성되어 있다. 대부분의 꿀은 과당의 함량이 많아 결정이 생성되지 않으므로 액체상이다. 간혹, 포도당 함량이 높은 꿀은 결정을 형성하기도 한다.

(7) 당밀(malasses)

당밀은 사탕수수의 즙액에서 당을 정제하는 과정에서 얻어지는 부산물로 당의 결정을 침전하고 남은 것을 농축한 것이다. 담황색의 투명한 당액이며 과자, 잼의 원료로 쓰이고, 핫케이크에 발라먹기도 한다.

톡톡 정보

• 당밀

사탕무, 사탕수수에서 얻어지는 결정화되지 않은 상태의 물질로 사탕무의 당밀은 쓴 맛 때문에 알코올을 제조하거나 가축사료로 이용되고 사탕수수의 당밀은 풍미가 좋아서 식용으로 쓰이며 럼(Rum)제조에도 사용된다.

(8) 전화당(invert sugar)

전화당은 설탕을 녹여 가열하고 산이나 산성염, 전화효소(invertase)를 첨가한 후 가수분해하여 생성되는데, 이러한 과정을 전화라 하고 포도당과 과당의 혼합물을 전화당이라 한다. 설탕보다 더 단맛을 가지며 용해도가 높다. 결정화가 되지 않아 양갱 및 케이크 등에 사용된다.

(9) 메이플시럽(maple syrup)

북아메리카 원산의 사탕단풍의 수액에서 채취한 시럽으로 40L의 메이플 즙액에서 1L의 메이플 시럽이 만들어진다. 설탕이 64~68%, 수분이 30~35%로 구성되어 있으며 특유의 풍미가 있어 팬케이크, 와플 등의 제과제품에 많이 사용된다.

(10) 조청(malt syrup)과 엿

쌀, 수수, 조, 옥수수 등으로 고두밥을 지어 뜨거울 때 엿기름물을 부어 7~8시간 삭힌 후 밥알이 동동 떠오르면 망에 거른 당화물을 계속 고은 것으로, 묽은 조청과 된 조청으로 나누어진다. 조청은 음식에 단맛과 향미, 윤기를 주어 과자나 조림음식에 많이 이용된다.

(11) 올리고당(oligo saccharide)

2~8개의 단당류가 글리코시드 결합을 한 당으로 설탕 대체 효과를 지닌 당이다. 장내 소화효소에 의해 분해되지 않아 칼로리가 적으며 장내의 유산균이나 비피더스(*Bifidus* 속)균을 증식시켜 정장작용, 충치예방 등의 효과가 있다. 순수 올리고당은 단맛이 설탕의 20~40% 정도이고 칼로리가 적다.

(12) 당 알코올류

당 알코올은 물에 잘 용해되고 단맛을 가지고 있으나 칼로리가 없어 저열량 대체 감미료로 이용된다. 소르비톨(sorbitol), 만니톨(mannitol), 자일리톨(xylitol) 등이 있다. 특히 자일리톨은 충치예방의 효과가 있다. 당 알코올류는 단맛과 청량감을 주며 저열량으로 다이어트 식품, 검(gum), 무설탕 캔디 등에 쓰인다.

(13) 비영양성 감미료

비영양성 감미료는 설탕보다 감미료로 많이 사용되는데 설탕의 30배에서 수천 배에 이르는 단맛을 가진다. 설탕과 같이 4 kcal/g를 내는 아스파탐 외에는 칼로리도 거의 없다.

① 아스파탐(aspartame)

페닐알라닌(phenylalanine)과 아스파르트산(aspartic acid) 두 개의 아미노산으로 이루어진 아미노산계의 합성감미료이다. 설탕의 150~200배의 단맛을 가지며 칼로리가 적어 캔디, 디저트, 음료수 등의 제조에 사용된다.

'그린스위트' 라는 제품으로 판매되기도 하며 당뇨병 환자들의 설탕 대용품으로 많이 이용된다.

② 스테비오사이드(stevioside)

남아메리카 파라과이가 원산지인 국화과 여러해살이 풀인 스테비아(*stevia rebaudiana bertoni*) 잎에서 얻는 것으로 설탕의 약 270~300배의 단맛을 가지며 탄산음료, 유제품 등에 사용된다.

Section 3 당류의 조리특성

1. 캔디의 조리원리

캔디는 당용액에 당 이외의 여러 물질을 첨가하여 과포화시킨 용액을 굳히거나 다시 결정을 형성시킨 것이다. 과포화된 설탕용액은 가열 후 냉각시키게 되면 용해도가 낮아져 과포화된 부분이 핵을 형성하기 시작하는데 그 핵을 중심으로 결정이 형성되는 것을 결정화(crystallization)라고 한다. 결정형 캔디와 비결정형 캔디는 과포화된 이런 당 용액의 결정성을 이용한 것이다.

1단계	시럽용액 만들기
2단계	가열과 증발을 통한 혼합물 농축
3단계	식히기
4단계	휘젓기

그림 6-1 캔디의 제조 단계

(1) 결정형 캔디

결정형 캔디는 과포화된 설탕용액의 결정화 성질을 이용하여 만든 것으로 쉽게 깨물어지며 결정이 질서 정연하게 분포한 캔디이다. 초콜릿(chocolate), 디비니티(divinity), 퐁당(fondant), 누가(nuga), 퍼지(fudge) 등이 있다.

캔디 제조 시 온도, 휘젓기 등의 조건에 따라 결정의 크기가 달라지는데 냉각속도와 젓는 속도를 빠르게 하면 작은 결정의 캔디가 된다.

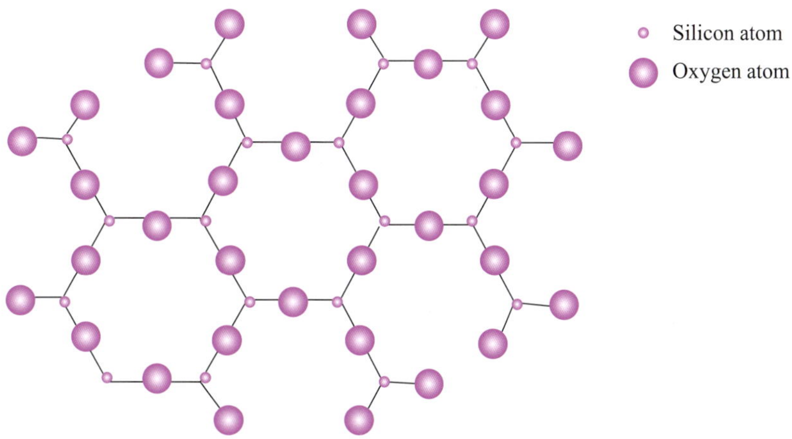

그림 6-2 결정형 캔디

(2) 비결정형 캔디

비결정형 캔디는 결정형 캔디를 만들 때보다 가열온도와 당 농도가 높아야 한다. 결정형성을 억제하는 방해물질을 넣으면 점도가 높고 끈끈한 액이 만들어져 결정화를 방해한다.

비결정형 캔디에는 캐러멜(caramel), 토피(toffee), 태피(taffy), 브리틀(brittle) 등이 있다.

과포화된 설탕 용액 안에 설탕 외의 이물질이 있으면 핵과 결합하여 설탕과의 결합을 방해한다. 방해 물질로는 시럽, 우유, 버터, 꿀, 유기산 등이 있다.

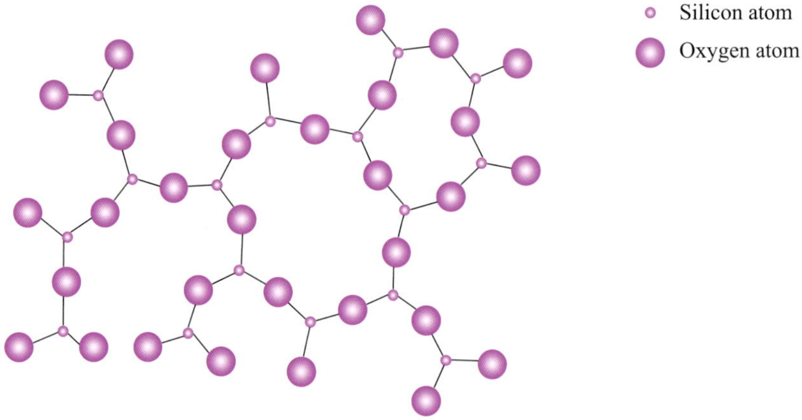

그림 6-2 비결정형 캔디

(3) 당의 결정화에 영향을 미치는 요인

① 당 용액의 성질

용액을 이루는 용질의 종류에 따라 결정 형성이 다르고 설탕이 포도당에 비해 결정 형성이 빠르고 크기도 크다. 포도당은 설탕에 비해 천천히 결정을 형성하여 크기가 작다.

② 온도

설탕용액의 온도가 높을수록 핵이 많이 생기고 결정이 많아진다.

③ 교반

과포화된 설탕용액은 교반(젓기)을 통해 막을 쉽게 형성하여 결정화된다. 시럽을 만들 때 젓기를 많이 하면 냉각 후 결정화가 진행되는 원인이 된다.

④ 결정형성 방해물질

과포화된 설탕용액 이외의 물질이 혼입되면 결정 형성에 영향을 주며 방해를 받게 된다. 전화당, 시럽, 꿀, 달걀흰자, 주석산, 버터, 초콜릿, 크림, 우유 등은 설탕의 핵 주위를 둘러싸서 결정이 형성되는 것을 방해한다.

Chapter 7 두류

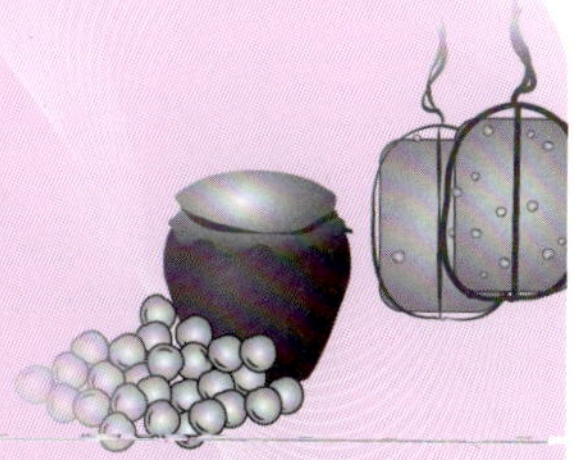

두류는 양질의 단백질과 지방의 중요한 급원으로 인, 철, 칼슘, 비타민 B_1 등이 풍부하게 함유되어 있다. 두류 단백질은 식물성 단백질이지만 아미노산의 조성이 우수하여 곡류 위주의 식사형태에 바람직하다. 또한 경제성이 우수하여 잡곡밥, 콩조림 등으로 이용될 뿐만 아니라 두부, 두유 등의 가공식품이나 장류와 같은 발효식품의 제조에도 이용된다.

Section 1 두류의 분류

두류는 함유되어 있는 영양성분에 따라 대두와 땅콩과 같이 단백질과 지방 함량이 많은 것과 강낭콩, 녹두, 동부, 완두, 팥과 같이 당질 함량이 많은 것으로 분류할 수 있다. 또한 미숙한 두류인 청태콩, 미성숙 완두콩, 껍질콩은 일반적 두류와는 달리 건조되지 않은 상태로 유통되어 수분을 많이 함유하고 있으므로 채소로 취급하기도 한다. 또한 대두와 녹두를 발아시킨 콩나물과 숙주나물 등도 채소로 이용되고 있다.

표 7-1 두류의 분류

구 분	콩의 종류
단백질과 지방 함량이 많은 두류	대두, 땅콩
단백질과 당질 함량이 많은 두류	팥, 녹두, 강낭콩, 동부
비타민 C가 많아 채소로 분류되는 두류	풋완두, 껍질콩, 풋콩

Section 2 두류의 성분

1. 단백질

두류는 단백질 함량이 20~40%로 곡류에 비해 3~6배 많이 함유되어 있으며 특히 대두는 단백질 함량이 가장 높다.

대두단백질은 글로불린(globulin)에 속하는 글리시닌(glycinin)이 대부분으로 전체 단백질의 80% 이상을 차지하며 그 외에 5% 정도의 알부민(albumin)에 속하는 레구멜린(legumelin)이 소량 함유되어 있다.

표 7-2 두류의 아미노산 조성

(mg 아미노산 / g 질소)

아미노산 / 콩류	이소류신	류신	리신	메티오닌	시스테인	페닐알라딘	티로신	트레오린	트립토판
대두 (마른 것)	260	436	286	67	45	279	72	194	87
강낭콩 (마른것)	280	490	410	79	81	340	180	250	69
동부	270	470	420	98	93	350	190	230	73
팥 (마른것)	393	570	282	135	22	306	132	230	36

아미노산 / 콩류	발린	히스티딘	아르기닌	알라닌	아스파르트산	글루탐산	글리신	프롤린	세린
대두 (마른 것)	260	197	450	340	570	1055	188	250	136
강낭콩 (마른것)	330	190	380	250	700	890	240	220	320
동부	320	200	390	240	660	990	270	270	280
팥 (마른것)	576	281	603	500	585	357	111	625	265

출처 : 농촌진흥청 농촌자원 개발연구소(2007), 제7개정판 식품성분표

두류의 아미노산 조성은 리신, 이소류신, 류신, 트레오닌 등의 필수아미노산이 고루 함유되어 있어 영양적으로 우수하다. 특히 곡류에서 부족되기 쉬운 리신과 메티오닌이 풍부하므로 두류와 곡류를 혼합하여 섭취하면 균형잡힌 식사를 할 수 있다.

2. 지방

대부분의 두류는 2% 내외의 지질을 함유하고 있어 지질의 함량이 낮으나 대두는 약 17%, 땅콩은 약 40~50% 정도로 지질 함량이 높아 식용유의 원료로 이용된다. 두류는 대부분 불포화지방산을 많이 함유하고 있으며 이를 구성하는 주요 지방산은 올레산과 리놀레산으로 필수지방산의 급원식품이다.

3. 탄수화물

대두의 탄수화물 함량은 약 20% 정도로 전분은 함유되어 있지 않고 주로 소화가 되지 않는 다당류와 올리고당으로 구성되어 있다. 반면에 팥, 녹두, 완두콩, 강낭콩 등은 주로 전분의 형태로 40% 이상의 탄수화물을 함유하고 있다. 이처럼 전분의 함량이 높은 콩류는 떡이나 과자의 소 또는 고물로 많이 이용되며 녹두의 경우 전분의 점성이 강하여 묵의 원료로 사용된다.

4. 비타민과 무기질

두류는 비타민 B군의 좋은 급원이나 비타민 A와 비타민 C는 거의 함유되어 있지 않다. 그러나 채소적 성격을 갖는 풋완두나 풋콩, 발아한 콩나물과 숙주나물의 경우는 비타민 C가 합성되어 생성되므로 비타민 C의 함량이 많다.

두류는 3~5%의 무기질을 함유하고 있는데 칼륨과 인의 함량이 가장 높고, 곡류에 비해 칼슘 · 인 · 마그네슘 등이 풍부하게 함유되어 있다.

5. 기 타

대두와 팥에는 0.3~0.5% 정도의 사포닌(saponin)이 함유되어 있는데, 기포성이 있어 삶을 때 거품을 발생시키며 장을 자극하여 설사의 원인이 되나 최근에는 항암효과가 있는 것으로 알려지고 있다. 생대두에는 단백질 분해효소인 트립신의 작용을 방해하는 트립신 저해제(trypsin inhibitor)가 함유되어 있어 단백질의 소화흡수를 어렵게 하는데 이 물질은 열에 불안정하므로 가열하면 변성되어 그 기능이 상실된다. 따라서 콩을 조리해서 먹으면 소화율도 향상되고 날콩 냄새도 억제할 수 있다.

Section 3 두류의 종류

1. 대 두

대두는 종피의 색에 따라 황대두, 흑대두, 청대두로 분류 되는데 종류와 특징은 다음과 같다.

종실의 색은 노란색, 녹색, 검정색 등 다양한 색을 띠는데 이것은 색소에 의한 것으로 노란콩의 황색은 플라보노이드계와 카로티노이드계 색소이고 검은콩은 안토시아닌 색소이며, 푸른콩의 녹색은 클로로필이다. 미숙한 콩은 엽록소가 대부분으로 녹색을 나타내지만 성숙해 감에 따라 엽록소가 파괴되고 플라보노이드가 나타난다.

최근에는 대두의 이소플라본, 사포닌과 함께 검은콩의 안토시아닌 색소가 생리활성 물질로 주목받고 있다.

2. 팥

팥은 쌀이나 잡곡과 섞어 팥밥을 하거나 팥죽, 양갱 제조에 이용되며 팥과 같이 전분함량이 높은 두류는 주로 고물로 사용한다. 팥의 전분은 단단한 세포막에 둘

러싸여 있는데 가열시 전분입자가 팽윤 호화되어 세포 내에 가득차게 되나 세포막이 강해 전분 입자가 유출되지 않고 각각의 세포로 분리되므로 보슬보슬한 가루가 되어 소와 고물을 만들 수 있다. 붉은 팥은 거피가 어려우므로 팥을 삶은 후 체에 걸러 껍질을 제거한다. 또한 팥은 수분을 흡수하는 시간이 길기 때문에 물에 불리지 않고 직접 가열하여 이용한다. 팥을 가열할 때 생기는 거품은 팥의 껍질에 사포닌(saponin)이라는 배당체 때문인데 사포닌은 떫은맛을 내며 소화를 방해한다. 따라서 팥을 삶을 때는 한 번 끓인 물을 따라 버린 후 다시 물을 붓고 삶아야 떫은 맛을 없앨 수 있다.

팥은 비타민 B_1 함량이 높아 각기병 예방에 효과가 있으며 섬유질이 다량 함유되어 있어 변비 예방에도 좋다.

3. 녹두

녹두는 껍질이 두껍기 때문에 주로 반으로 쪼개 물에 담가 불린 후 거피하여 사용한다. 녹두의 주성분은 당질로 대부분 전분이므로 청포묵, 죽, 녹두전분, 떡의 소나 고물 등에 사용되며 콩나물처럼 발아시켜 숙주나물로도 이용한다. 또한 녹두는 전분 함량이 많아 아밀라아제 활성도가 높으므로 녹두전을 부칠 때에는 부치기 전에 바로 갈아 사용하는 것이 좋다.

4. 완두

완두는 탄수화물이 주성분으로 그 대부분은 전분이다. 완두는 밥에 넣어 완두콩밥을 하거나 떡이나 과자 제조에 주로 이용된다. 미숙한 완두를 청완두라 하는데 수분함량이 높고, 단맛이 있어 통조림으로 많이 이용된다. 완두는 미숙할수록 단백질과 당분이 많고 성숙할수록 전분, 섬유소, 기타 다당류가 증가한다. 미숙할 때 꼬투리째 먹는 꼬투리완두는 비타민 C가 많아 데쳐서 채소로 이용된다.

표 7-2 대두의 종류와 특징 및 용도

분 류	종 류		특 징	용 도
황대두 (노란콩, 흰콩)	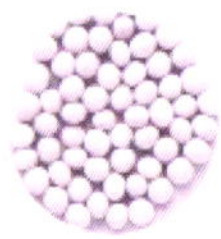	대 립	콩의 껍질과 속이 황색이며 수입 대두의 대부분을 차지	콩조림
	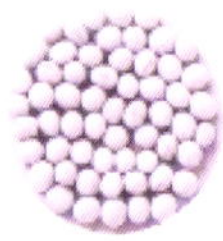	중 립		두부, 된장, 콩국
		소 립		낫토
흑대두 (검은콩)		흑태(흑대두 중 가장 큼)	콩의 껍질에 안토시아닌 색소가 있어 검은색	콩밥, 콩조림
		서리태(속청태)		콩밥, 콩조림, 콩떡
		서목태(쥐눈이콩, 약콩)		한방약재, 콩밥
청대두 (푸른콩)		청태(청대콩, 푸르대콩)	콩의 껍질과 속이 녹색으로 리신이 풍부	콩조림, 두부, 된장, 미숫가루, 과자, 풋콩(미숙 청대두)

5. 강낭콩

강낭콩은 팥이나 녹두처럼 당질은 많고 지질 함량은 적은데 당질의 대부분은 전분이다. 강낭콩은 주로 밥을 지을 때 넣거나 조림 등으로 조리에 이용되며 떡의 소나 고물, 양갱, 통조림 등으로도 이용된다.

6. 땅콩

땅콩은 두류 중 유일하게 열매가 땅 속에 있는 것으로 지방 함량이 높아 유지제조용으로 쓰이는 소립종과 단백질 함량이 높아 주로 식용으로 볶아 먹는 대립종으로 구분한다. 땅콩은 지질과 단백질이 다량 함유되어 있어 열량이 높으며 당질 함량은 두류 중 가장 낮다. 지질은 필수지방산 중 아라키돈산(arachidonic acid)이 풍부하며 땅콩버터, 땅콩기름으로 사용된다.

Section 4 두류의 조리 특성

1. 흡수성

두류는 수분 함량이 12~17%의 건조된 상태로 저장되기 때문에 조리 전 물에 담가 충분히 물을 흡수시켜야 가열시간이 단축되고 조직을 연화시키며 균일한 상태로 익힐 수 있다. 또한 불리기 과정을 통해 콩류에 함유된 탄닌, 사포닌, 시안화합물 등의 불순물도 제거된다.

두류의 흡수속도는 콩의 저장기간, 보존상태, 수온, 침지액의 종류와 양에 따라 달라지는데 대체로 수온 20℃ 내외에서는 담근 후 5~7시간 동안은 빠른 속도로 흡수되다가 흡수속도가 감소하여 약 20시간 후에는 거의 포화상태에 이르러 원래 콩 무게의 90% 이상의 물이 흡수된다.

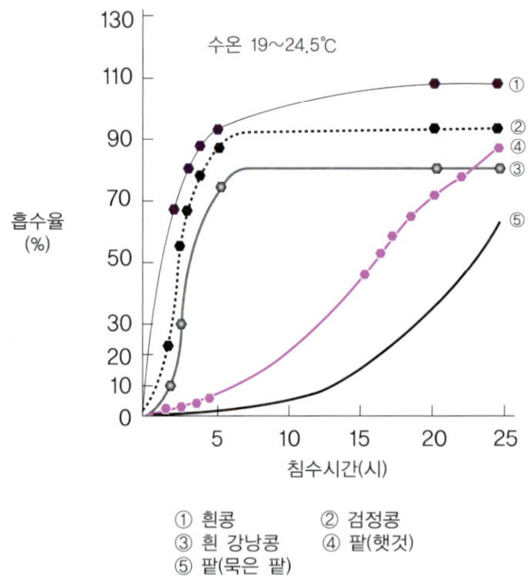

그림 7-1 두류의 흡수율

한편 팥과 녹두는 표피가 단단하여 표피 전체로 물을 흡수하는 대두와는 달리 표피의 작은 구멍을 통해 흡수가 일어나므로 장시간 물에 담가두어도 물이 잘 흡수되지 않기 때문에 물에 불리지 않고 직접 가열한다. 콩을 불리는 물의 온도가 높을수록 흡수 속도는 증가하며 담그는 물에 0.3%의 중조나 0.2%의 탄산칼륨(K_2CO_3)을 첨가하면 흡수성이 증가하게 된다.

그러나 중조를 너무 많이 사용할 경우 맛이 나빠질 뿐 아니라 알칼리에 약한 비타민 B_1이 파괴되므로 주의해야 한다. 또한 대두단백질인 글리시닌(glycinin)은 소금과 같은 중성염 용액에 녹는 성질을 갖고 있기 때문에 1% 정도의 소금물에 대두를 불리면 쉽게 연화되어 흡수성이 증가하게 된다.

2. 가 열

대두를 물에 넣고 가열하면 껍질은 물을 흡수하여 팽윤하지만 자엽은 팽윤이 느려 주름이 생기게 되는데 이를 방지하기 위해서는 끓기 전에 냉수를 부어 수온을 50℃로 낮추어 주면 껍질과 자엽의 온도가 동일해져 물이 잘 흡수되고 부드러워진다. 콩조림을 할 때 처음부터 콩, 설탕, 간장을 함께 넣고 조리면 삼투현상에 의해 자엽이 수축하여 껍질에 주름이 생기고 딱딱해지는데, 설탕을 3회 정도로 나누어 넣으면 주름이 생기는 것을 방지할 수 있다. 또한 콩조림을 만들 때 콩을 충분히 불린 후 가열하면 간장과 설탕 맛의 침투를 용이하게 한다.

대두를 가열조리 할 경우 날콩의 트립신 저해제가 파괴되어 아미노산의 이용률을 높이는 효과가 있다.

한편 검정콩의 껍질색은 크리산테민(chrysanthemin)이라는 성분이 나타나는데 안토시아닌계의 색소로서 철이나 주석이온과 결합하면 아름다운 색을 형성하므로 검은콩을 볶거나 조릴 때에는 무쇠솥이나 철로 된 냄비를 사용하면 좋다.

3. 용해성과 응고성

대두 단백질인 글리시닌은 대두를 갈아 물에 담그면 약 90%까지 용출되는데 산을 첨가하여 이 단백질의 등전점인 pH 4~5로 맞추면 불용성이 되어 침전된다. 또한 글리시닌은 금속염에 불안정하여 쉽게 응고 · 침전된다. 이 성질을 이용한 식품이 두부로 칼슘염이나 마그네슘염을 응고제로 첨가하여 응고시켜 두부를 제조한다. 두부제조 시 응고제의 사용량은 대두의 1~2%가 적당하며 응고제의 종류에 따라 두부의 질감이 달라진다. 응고제의 양이 많을수록, 가열온도가 높을수록, 단단하게 응고된다.

4. 기포성

대두와 팥에는 0.3~0.5%의 사포닌이 함유되어 있어 삶을 때 거품을 내며 과잉의 칼륨과 설사를 유발시킨다. 사포닌을 제거하기 위해서는 한 번 끓인 후 그 물을 버리고 다시 물을 부어 팥이 무르도록 끓인다. 또한 두유를 끓일 때 기름을 소량 넣어 주면 소포제(거품이 일어나는 것을 방지하는 물질) 역할을 하여 끓어넘치는 것을 방지할 수 있다.

5. 두류의 이용

두류는 소화 · 흡수가 어려우므로 소화율을 향상시키기 위해 가공하여 이용하는데 가공식품에 가장 많이 이용되는 것은 대두이다. 대두를 이용한 식품은 간장, 된장과 같은 발효식품을 비롯하여 두부 · 두유 · 식용유 등 일부 성분을 추출하여 이용한 식품과 발아시킨 콩나물, 떡이나 미숫가루에 이용되는 콩가루, 대두 단백제품 등이 있다. 또한 동물의 사료나 비누, 화장품 등의 원료로도 이용된다.

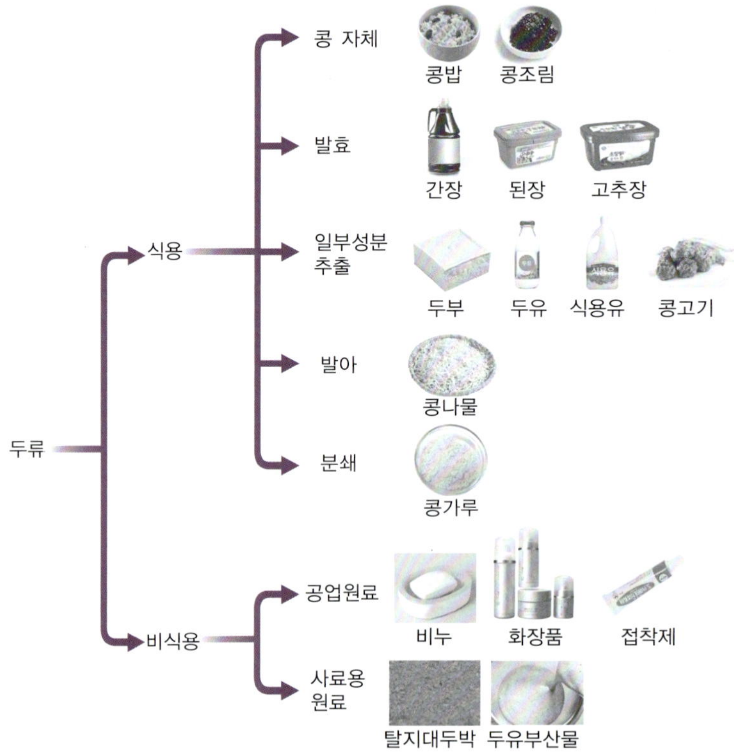

그림 7-2 대두의 이용

6. 두류 발효식품

간장, 된장, 청국장 및 고추장은 대표적인 대두 발효식품이다. 원료인 콩을 쪄서 메주를 만들고 여기에 소금물을 첨가하여 발효시킨 후 메주를 건져낸 액을 달인 것이 간장이고 남은 고형물을 숙성하면 된장이 된다. 청국장은 콩을 삶아 종균을 접종하여 발효시킨 후 파, 마늘, 고춧가루, 소금 등을 넣어 갈은 것이고 고추장은 메주에 고춧가루와 전분질 원료를 혼합하여 숙성한 것이다.

(1) 간장

간장은 농도, 원료, 제조방법에 따라 여러 가지로 분류할 수 있다. 간장에는 재래식 간장인 조선간장과 개량식 간장인 양조간장, 산분해간장인 아미노산 간장,

양조간장과 아미노산 간장을 혼합한 혼합간장 등이 있다. 개량식 간장은 숙성과정 중 황국균에 의하여 생성된 젖산이 함유되어 있어 향미가 좋다.

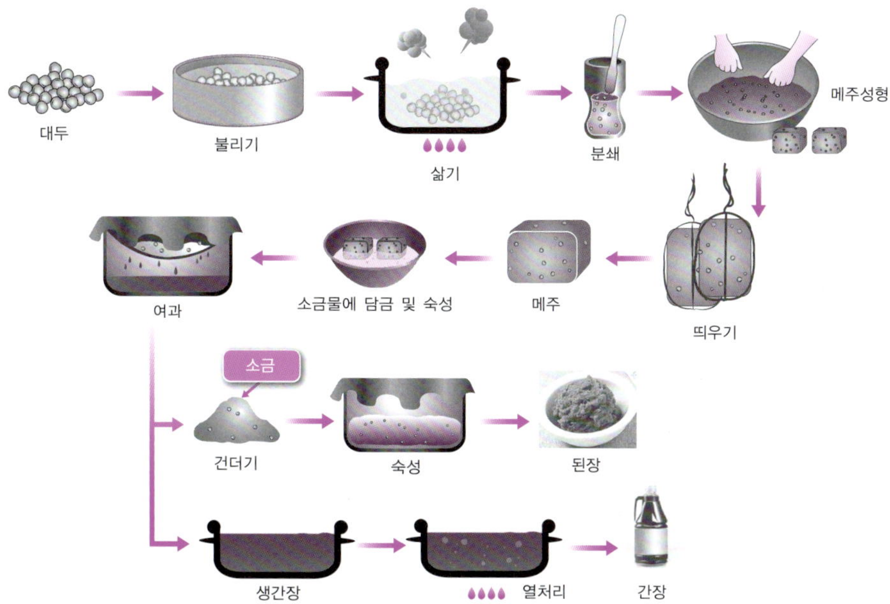

그림 7-3 재래식 간장과 된장제조

간장은 짠맛, 신맛, 단맛의 조화를 이루며 독특한 맛을 낸다. 가장 주된 맛은 맛난 맛으로 글루탐산, 아르기닌, 아스파라긴산 등이 주성분이다. 간장은 pH 4.8 전후로 약산성이며 젖산이 많아 신맛을 내고, 짠맛은 염분에 의한 것이며, 단맛은 당류, 글리세린과 아미노산으로부터 나온다.

또한 간장은 단백질과 탄수화물이 만나 결합하여 일련의 반응에 의해 갈색 물질을 형성하는 마이야르 반응(Maillard reaction)에 의해 간장 특유의 색과 향미를 낸다. 간장이 공기 중에 노출되어 산소와 접촉하면 색이 점차 진해지며 산화가 일어나는데 간장의 산화에 의한 색 변화는 온도가 높을수록 산화가 촉진되고 간장의 농도가 높을수록 더디게 일어난다. 이런 간장의 산화를 방지하기 위해서는 간장용기의 뚜껑을 막고, 뚜껑을 열게 되면 냉장 보관하는 것이 좋다.

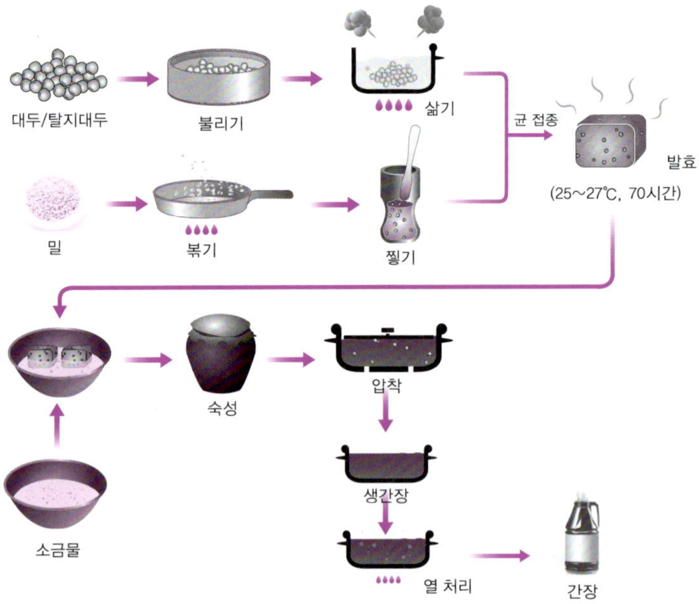

그림 7-4 개량식 간장 제조

표 7-4 간장의 분류

분 류	분 류	특 징	용 도
농도	진간장	담근 횟수가 5년 이상	약식, 전복초
	중간장	담근 횟수가 3~4년 정도	찌개, 나물무침
	국간장(청장)	담근 횟수가 1~2년 정도	국
원료	재래식 간장(조선간장)	콩을 원료로 하여 주로 고초균으로 발효	국
	개량식 간장	콩과 전분질을 사용하여 황국균으로 발효	양념
	어간장	어류를 원료로 하여 단백질 분해효소에 의해 단백질이 분해되어 숙성	김치, 동남아시아에서는 소스로 사용
제조 방법	양조간장 (발효법)	원료의 단백질과 탄수화물이 효소에 의해 아미노산과 당으로 분해된 것	국, 찌개, 양념
	아미노산간장 (산분해법)	단백질 원료를 염산으로 가수분해하여 아미노산에 소금을 넣어 색, 맛, 향을 내기 위해 첨가물을 넣은 것으로 향기와 풍미가 우수하고 제조기간은 6개월 정도	
	혼합간장	양조간장과 아미노산간장을 일정한 비율로 혼합한 것으로 구수한 맛이 강하고 제조기간은 70~80시간	

간장 특유의 향은 메티오놀(methionol)에 의한 것으로 메티오놀은 대두 단백질인 메티오닌이 간장의 숙성과정에서 효모에 의해 발효되어 생긴 것이다. 이는 조리과정에서 재료의 불쾌한 냄새나 비린내를 감소시키는 역할을 한다.

(2) 된장

된장은 메주에 소금물을 부어 숙성시킨 후 장물을 떠내고 남은 건더기로 만든 재래식 된장과 콩과 곡류를 혼합한 메주에 직접 소금물을 부어 넣고 숙성한 후 장물을 떠내지 않고 만든 개량식 된장이 있다. 재래식 된장은 조선 된장으로 주로 고초균에 의하여 발효되며 막된장이라 하고, 개량식 된장은 재래식과 일본식 방법을 혼용하여 공장에서 대량으로 제조하는 것으로 공장식 된장 또는 절충식 된장을 말한다.

메주의 원료인 콩의 대두 단백질은 충분히 가열되었을 때 효소의 분해가 활성화되므로 충분히 삶아야 한다. 그러나 너무 가열해도 효소작용이 감소되므로 콩은 고온에서 단시간 가열하는 것이 좋다.

재래식 된장은 콩을 삶아 으깨 메주를 만들어 볏짚에 매달아 건조시키는데 겉은 건조되고 내부에는 습기가 있어 안쪽부터 발효된다. 겉을 꾸덕꾸덕하게 말리는 것은 유해 곰팡이의 번식을 막기 위한 것으로 겉이 마르기 전에 곰팡이가 번식을 하면 유독한 곰팡이의 독이 생길 수 있으므로 겉을 잘 건조시켜 곰팡이가 서서히 번식할 수 있도록 하는 것이다.

건조시킨 메주를 씻어 소금물에 담가 한 달 정도 발효시킨 후 메주덩어리를 걸러 내어 액체 부분은 조선간장을 만들고 고형분은 소금을 첨가하여 곰팡이, 효모, 세균 등에 의해 숙성시켜 재래식 된장을 만든다. 재래식 된장의 특유한 맛은 자연에 존재하는 고초균(*Bacillus subtilis*)이라는 미생물에 의한 것으로 발효 환경이 일정하지 않기 때문에 품질이 균일하지는 않다.

개량식 된장은 대두와 소맥분 또는 쌀, 보리쌀 등을 혼합한 원료와 미생물은 황국균(*Aspergillus oryzae*)을 사용하여 제조한다. 황국균은 당화력과 단백질 분해력이 뛰어나고 향기와 맛을 향상시킨다. 개량식 된장은 재래식에 비해 발효조건 조절이 가능하여 시일이 단축되고 잡균의 번식이 억제되어 제품을 균일화 할 수 있다.

톡톡정보

• 된장 발효시 성분 변화에 의한 맛과 향

당화작용 : 탄수화물 → 당분 : 단맛
단백질 분해 : 단백질 → 아미노산 : 구수한 맛
알코올 발효 : 당분 → 알코올 : 알코올성 방향물질
유기산발효 : 당분, 단백질 → 유기산 : 신맛

(3) 청국장

청국장은 속성으로 발효시킨 속성장으로 콩과 볏짚에 붙어 있는 고초균(*Bacillus subtilis*)을 이용하여 숙성시킨 것으로 독특한 향과 감칠맛을 낸다. 콩을 무르게 삶아서 식힌 후 볏짚과 함께 40℃ 온도에서 1~2일 발효시키면 16~18시간이 지난 후 콩에서 실과 같은 점액성 물질이 생기는데 이는 글루탐산이 중합된 폴리펩티드(polypeptide)와 과당이 중합된 프락탄(fructan)의 혼합물로 칼슘의 흡수를 촉진하는 효과가 있다.

청국장은 단백질 분해효소와 전분 분해효소의 활성이 높아 소화가 잘 되므로 청국장으로 만들면 소화율이 80% 이상이 되어 65% 정도인 콩단백질에 비해 소화율이 매우 높아진다.

(4) 낫토(natto)

낫토는 삶은 콩을 납두균(*Bacillus natto*)을 이용하여 발효시켜 만든 일본 전통음식으로 우리나라의 청국장과 유사한 식품이다. 낫토는 발효균이 작용하여 독특한 냄새와 끈적거리는 실과 같은 점질물질이 많이 생성되는데 이 물질은 혈전용해, 혈압강하, 항암작용, 항균효과가 있는 것으로 알려져 있다.

톡톡정보

• 청국장과 낫토는 무엇이 다른가요?

청국장은 자연발효 식품이고 낫토는 발효균을 넣어 발효시킨다. 또한 청국장은 끓여서 먹는데 낫토는 생으로 먹으며, 청국장이 낫토에 비해 제조시간이 더 길고 제조방법과 과정이 복잡하다.

(5) 미소(일본 된장 miso)

미소는 황국균(*Aspergillus oryzae*)을 곡물에 번식시킨 코지(Koji)를 이용하여 콩을 발효시킨 일본 된장으로 염분 농도에 따라 농도가 높고 색이 진한 아카미소(적된장)와 농도가 낮고 색이 연한 단맛의 시로미소(백된장)가 있다. 우리나라의 전통된장에 비해 맛이 순하고 입자가 미세하여 조직감이 부드러우며, 짠맛이 적다. 주로 국으로 끓여 먹거나 분말로 제조하여 사용한다.

표 7-5 한국 된장과 일본 된장의 비교

구 분	한국 된장	일본 된장
원료	100% 콩	콩, 쌀, 보리, 밀가루
미생물	고초균과 자연계의 국균 (자연발효)	황국균을 접종하여 쌀에 번식시키고 곰팡이의 일종인 코지균을 콩과 섞어 된장을 제조
맛과 용도	구수하고 짠맛이 강하며 끓일수록 맛이 좋아져 찌개에 이용	쌀전분의 당분으로 인해 단맛이 있으면서 담백한 맛으로 맑은 된장국에 이용
장 · 단점	자연발효에 의존하므로 균일한 제품이 어렵고 제조시기가 한정됨	언제든지 제조 가능하고 품질이 균일함

(6) 고추장

고추장은 찹쌀, 보리, 밀 등의 전분질에 엿기름을 넣고 삭힌 후 메주가루와 고춧가루를 넣고, 소금으로 염도를 조절하여 발효시킨 식품이다. 고추장은 탄수화물의 가수분해로 생성된 당류의 단맛, 콩단백질이 분해되어 생성된 아미노산의 감칠 맛, 고춧가루의 매운 맛, 소금의 짠맛이 어우러져 고추장 특유의 맛을 낸다.

고추장의 주원료는 전분으로 멥쌀, 찹쌀, 보리, 밀이 주로 사용되는데 기호와 지역에 따라 다르다. 일반적으로 찹쌀이 이용되며 찹쌀가루를 사용한 고추장이 맛과 질이 가장 좋다. 고춧가루의 캡사이신(capsaicin)은 매운맛을 내는 성분으로 항균작용에 효과적이다.

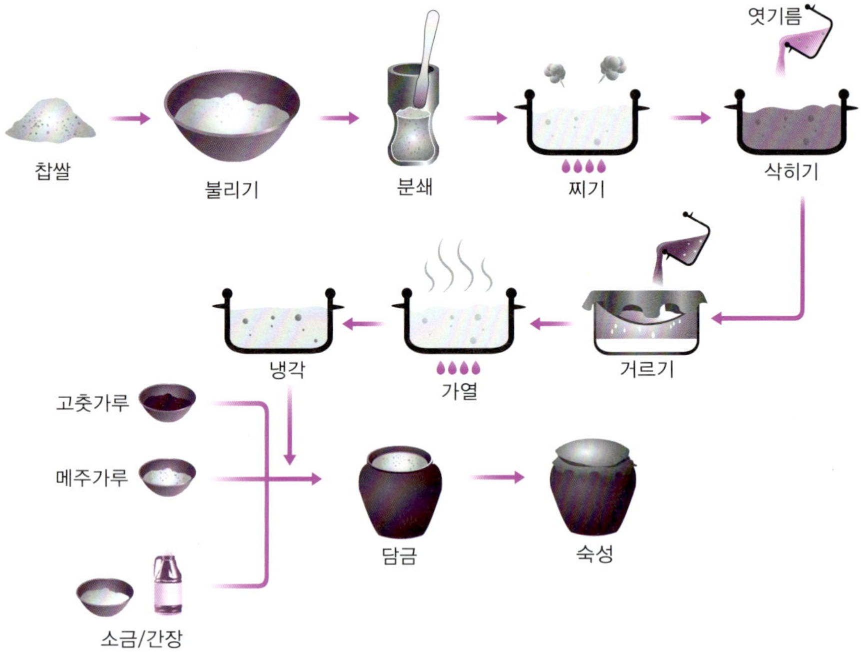

그림 7-5 재래식 고추장의 제조 방법

7. 두류 가공식품

(1) 두유(soy milk)

두유는 물에 불려 삶은 콩을 갈아 끓여 여과하여 만든 식품으로 여름에 음료나 국수를 말아먹는 것으로 이용되어 왔으며, 유당불내증 사람들에게 우유 대용식으로도 이용되고 있다. 두유를 만들 때 콩을 덜 삶으면 비린내가 나고 너무 오래 삶으면 메주콩 냄새가 나므로 삶는 시간을 잘 조절해야 한다. 두유를 충분히 추출하기 위해서는 비지에 물을 2~3회 나누어 넣어야 하며 물이 콩의 13배가 넘지 않도록 한다.

두유는 우유에 비해 단백질 함량은 많으나 비타민 B_{12}와 비타민 C, 메티오닌(methionine)은 소량 함유되어 있으므로 우유 대용으로 사용 시 부족한 영양소의 보충이 필요하다.

톡톡 정보

- **유당불내증?**

  우유의 당인 유당을 분해할 수 있는 효소(lactase)가 없어 유당의 가수분해가 장애되어 흡수가 잘 되지 않는 질환이다.

- **유바란?**

  일본에서 많이 이용되는 유바는 두유를 일정한 온도로 가열할 때 생기는 피막을 채취하여 말린 식품으로 맑은장국, 달걀찜, 생선전골, 냄비요리 등에 넣어 이용한다.

(2) 두부(bean-curd)

두부는 콩에서 두유를 추출한 후 콩 단백질을 응고시켜 만든 식품으로 소화율이 96%까지 증가되어 소화성이 우수하고, 특유의 맛과 탄력 있는 질감 등의 특성 때문에 널리 이용되고 있다. 두부는 고형 성분함량에 따라 응고된 두유를 굳히기 전의 순두부, 연두부(6~15% 미만), 두부(15~20% 미만), 경두부(20% 이상)로 나눌 수 있다. 연두부는 일반 두부와 순두부의 중간 정도 경도를 갖는다.

두부의 불용성 단백질과 탄수화물 및 지질은 여과될 때 비지로 제거되며 나머지 지방과 당은 두부 속에 남게 된다. 콩의 주된 단백질인 글리시닌(glycinin)은 열에는 안정하지만 금속염과 산에는 불안정하여 응고 침전되는데 이런 염에 불안정한 성질을 이용하여 두부를 제조한다. 응고제로 주로 염화마그네슘($MgCl_2$)이나 황산칼슘($CsSO_4$) 등을 이용하며 사용량은 1~2% 정도가 적당하다. 두부를 응고시키는 역할을 하는 간수는 바닷물 또는 소금물로부터 염화나트륨(NaCl)을 결정화시킨 후 두부제조 시 응고제의 남은 여액이다. 주성분은 염화마그네슘, 황산칼슘, 황산마그네슘 등이다.

최근에는 해수오염으로 인한 유해성분이 혼입될 가능성을 고려해 염화마그네슘만을 99% 이상으로 정제한 정제간수를 사용하는 경우가 많다. 응고제의 종류에 따라 두부는 다른 특성을 나타낸다.

표 7-6 두부 응고제의 종류에 따른 두부 특성

응고제	두부 특성
염화마그네슘($MgCl_2$)	응고와 탈수가 빠르며 두부 맛과 풍미가 좋음
염화칼슘($CaCl_2$)	탈수가 매우 빨라 주로 튀김두부 제조에 사용하나 풍미가 좋지 않음
황산칼슘($CaSO_4$)	좋은 색을 내지만 표면히 거칠고 황산칼륨이 많이 남아있게 되어 풍미와 맛이 좋지 않음

일반적으로 두유의 가열온도가 높고 응고제의 첨가량이 많을수록 단단하게 응고된다. 또한 두부의 생산량은 콩의 마쇄 상태에 따른 수율에 의해 달라지는데 콩을 곱게 갈면 원료대두의 약 4배를 얻을 수 있다. 두부는 수분함량이 86~90% 정도로 높아 변질이 빠르므로 보관 시 특히 주의해야 하며, 냉장 상태 (0~10℃)에서 3일 정도 보관이 가능하다.

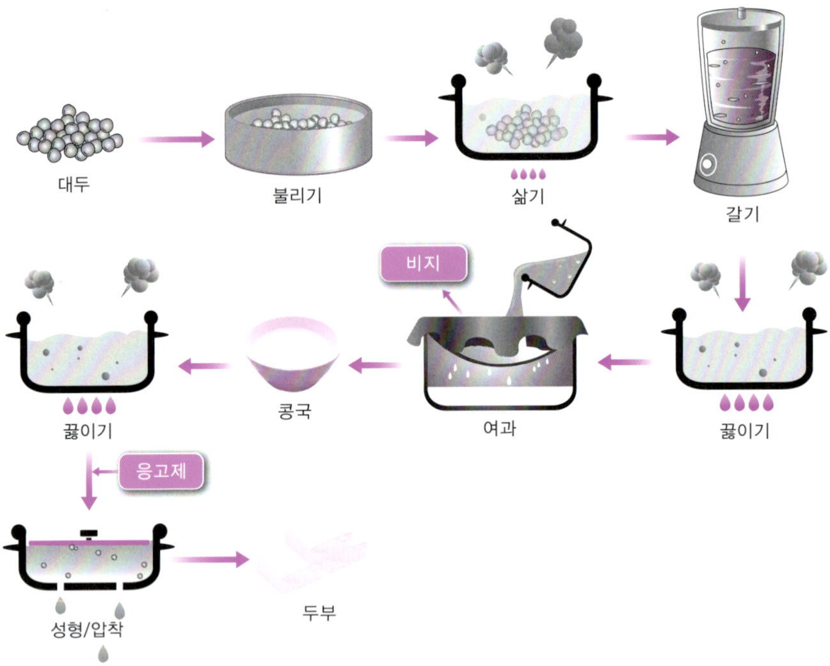

그림 7-6 두부의 제조 과정

(3) 비지

두부를 만들기 위해 두유를 거르고 남은 고형 성분이 비지이다. 비지는 단백질 함량은 적으나 섬유질이 함유되어 있어 고유의 질감과 고소한 맛을 내며 주로 비지찌개로 이용한다.

(4) 유부

유부는 튀김두부로 보통 두부보다 단단하게 만든 두부를 얇게 썰어 표면이 황갈색이 될 때까지 기름에 튀긴 것으로 유부초밥, 국 등에 이용된다.

(5) 콩나물

콩나물은 대두를 발아시킨 것으로 계절과 장소에 관계없이 단시간에 재배가 가능한 경제적 식품이다. 콩나물에는 무기질이 다량 함유되어 있으며 소화를 촉진하는 섬유소가 풍부하여 변비 예방에도 효과적이다. 콩나물은 발아 시 비타민 C가 생성되고 아스파르트산(aspartic acid)과 글루탐산(glutamic acid) 등의 아미노산 함량이 증가하며, 복부 팽만감을 일으키는 올리고당과 피트산염(phytate)은 분해된다.

아스파르트산은 알코올 대사를 촉진시켜 알코올 독성을 억제하는데 특히 콩나물의 뿌리 부분에는 전체의 90% 이상의 아스파라긴(asparaginic)이 함유되어 있어 숙취해소에 효과적이다. 따라서 뿌리를 다듬은 콩나물은 숙취해소에는 효과를 발휘할 수 없다.

한편 콩나물국을 끓일 때 뚜껑을 열면 비린내가 나게되는데 이는 콩나물의 머리 부분에 함유된 리폭시게나아제(lipoxygenase) 효소가 불포화지방산의 분해와 산화를 촉진하는 과정에서 비린내를 발생시키기 때문이다. 콩나물국의 비린내를 감소시키기 위해서는 조리 시 뚜껑을 닫아 산소와의 접촉을 차단하거나 조리수에 소금을 넣고 끓이거나 조리의 마지막에 향이 강한 마늘을 첨가하면 효과적이다.

(6) 콩단백 식품

콩단백질은 수분 및 기름 흡수력, 결합력, 응집성, 겔 형성성, 유화력 등의 특성을 가지고 있어 이를 이용하여 다양한 식품에 첨가되어 사용되고 있다. 소시지, 햄버거 패티 등의 육가공식품과 치즈, 커피크림 등 우유가공식품, 빵 제품에 콩단백질 식품을 첨가하여 단백질 영양가를 향상시키고, 식품의 가격을 낮추며, 물리화학적 품질 특성을 향상시킨다.

육류와 비슷한 질감을 가져 육류 유사 제품으로 각광받는 콩고기는 콩단백질에 다른 채소 단백질·당질·지질·비타민·무기질·색소와 향미를 넣어 갈아 만든 식품으로 소시지, 베이컨, 햄 등의 대체품으로 사용된다. 콩고기는 밀가루에서 추출한 식물성 단백질인 글루텐과 대두를 주원료로 하여 만든 식물성 단백질 식품으로 육류와 비교 시 지질 함량은 $\frac{1}{3}$ 정도로 낮고 콜레스테롤은 전혀 없다. 그러나 필수아미노산인 메티오닌이 부족하기 때문에 단백질의 질이 낮은 단점이 있다.

Chapter 8
과일류

과일은 비타민과 무기질이 풍부하며 아름다운 색과 적절한 감미와 산미, 독특한 향미를 갖고 있어 식욕을 증진시키는 식품이다. 과일은 비타민과 무기질, 식이섬유 외에도 피토케미칼(phytochemical)을 비롯한 여러 가지 성분을 함유하고 있다.

Section 1 과일의 성분

과일의 구성 성분은 종류에 따라 차이가 있으나 일반적으로 과일에는 수분 함량이 약 80~90% 정도로 높고 주된 영양소는 당질로 열량, 지질, 단백질 함량은 낮다. 과일에는 비타민과 무기질이 풍부하게 함유되어 있으며 섬유소도 많다. 비타민 C가 많은 과일은 감귤, 딸기, 키위, 멜론 등이 있으며 과육이 등황색 과일인 바나나, 살구, 황도 등에는 비타민 A와 β-카로틴이 풍부하다.

과일은 칼륨과 칼슘이 많은 알칼리성 식품으로 칼륨이 많은 과일은 바나나가 대표적이며 오렌지, 자몽, 유자에는 칼슘이 많이 함유되어 있다. 반면에 단백질과 지질의 함량은 낮다. 그러나 아보카도나 코코넛 등의 과일은 단백질과 지질함량이 높다. 또한 과일에는 셀룰로오스와 펙틴 등의 식이섬유가 많아 과일을 섭취하면 장을 적당히 자극하여 변통을 좋게 해준다.

과일은 당분과 유기산의 함량이 높아 단맛과 신선한 신맛을 가지고 있으며 알데히드, 알코올, 에스테르 등으로 인한 향기로운 냄새와 아삭거리는 질감, 다양한 색을 지니고 있다.

과일의 맛을 내는 성분은 당과 유기산인데 당과 유기산의 비율에 따라 맛이 달라진다. 과일의 단맛은 주로 당에 의한 것으로 대부분의 과일에는 포도당과 과당이 많고 바나나, 복숭아, 감귤류에는 자당이 많다. 과일의 신맛은 주로 유기산이 관여하는데 복숭아와 사과는 주로 사과산(malic acid)이 풍부하고 감귤류에는 구연산(citric acid)이 많으며, 포도에는 주석산(tartaric acid)이 많이 함유되어 있다. 과일은 이런 유기산 때문에 약 pH 2.0～4.0 정도의 산성을 나타낸다. 과일은 숙성과정에서 전분 함량은 감소하고, 당질의 함량은 증가하는데 숙성이 됨에 따라 전분이 가수분해되면서 당질로 전환되어 단맛이 증가하게 된다.

과일의 세포 속에는 여러 종류의 효소가 들어 있는데 대표적인 것이 갈변에 관련된 효소인 폴리페놀옥시다아제(polyphenoloxidase)와 단백질 분해효소이다. 폴리페놀옥시다아제는 사과에 많이 함유되어 있고, 단백질 분해효소는 파인애플의 브로멜라인(bromelain), 파파야의 파파인(papain), 무화과의 피신(ficin), 키위의 액티니딘(actinidin) 등이 있다.

Section 2 과일의 분류 및 종류

그림 8-1 과일의 분류(단과, 單科)

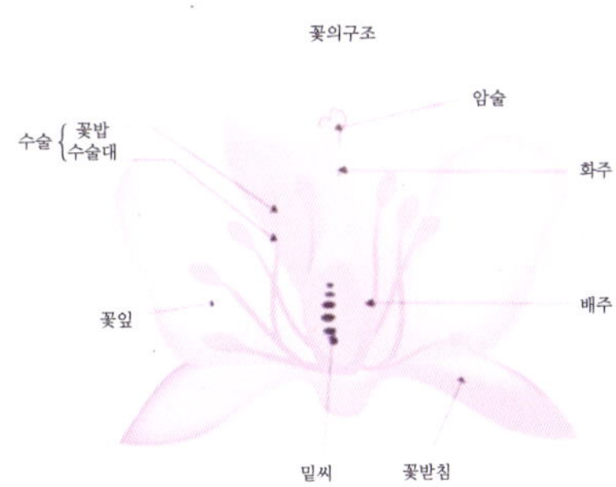

그림 8-2 꽃 각부의 명칭

일반적으로 과일은 꽃받침이 발달한 인과류, 씨방이 성장하여 발달한 핵과류, 중과피와 내과피가 즙이 많은 육질로 구성되어 있는 장과류, 과일과 채소의 중간 형태인 과채류, 외과피가 단단한 견과류, 열대나 아열대 지방에 나는 열대과일류 등으로 분류한다.

표 8-1 과일의 분류와 특징

분 류	특 징	종 류
인과류	꽃받침이 발달하여 결실한 과일로 꼭지와 배꼽이 서로 반대편에 위치	사과, 배, 감, 감귤류 등
핵과류	과육의 중간에 씨방이 발달하여 단단한 핵이 있고 그 안에 종자가 들어 있음	복숭아, 살구, 자두, 대추, 매실 등
장과류	중과피와 내과피로 구성되어 있고 그 속에 즙이 많은 육질로 구성되어 있음	딸기, 포도, 무화과, 키위, 바나나 등
과채류	1년생 채소에서 씨방이 발달하여 열매를 맺는 것으로 과일과 채소의 중간 형태임	토마토, 참외, 수박 등
견과류	과피가 단단하고 속의 종실을 감싸고 있는 얇은 막이 있음	밤, 호두, 은행, 아몬드, 잣 등
열대과일류	열대나 아열대 지역에 분포하는 과일로 실온에서 보관해야함	바나나, 파인애플, 키위, 파파야, 망고 아보카도 등

1. 인과류(Pomes)

꽃받침이 발달해서 결실한 과일로 사과, 배, 감, 감귤류 등이 해당된다.

(1) 사과

사과의 주성분은 탄수화물이며 단백질과 지방은 적고 비타민 C와 무기염류의 함량이 높다. 주된 당분은 과당과 포도당이며 대표적 유기산은 사과산이다. 사과에 많이 함유되어 있는 펙틴질은 수확시기가 늦어질수록 함량이 낮아지는데 잼이나 젤리 제조 시에 중요한 역할을 한다. 사과는 껍질을 벗기거나 절단하면 갈변하기 쉬운데 이를 방지하려면 소금물이나 설탕물에 담가둔다.

(2) 배

배는 원산지에 따라 동양종과 서양종으로 구분하며 주요 성분은 포도당, 과당, 서당으로 과당이 가장 많이 함유되어 있다. 과육세포 중 석세포(stone cell)가 많으며 석세포의 양에 따라 촉감과 맛에 영향을 준다. 육류 조리 시 양념에 재울 때 배즙을 사용하는데 이는 배에 함유된 단백질 분해효소가 육류를 부드럽게 해주기 때문이다. 따라서 고기 양념에 배를 갈아 넣거나 육류 섭취 후 배를 후식으로 먹으면 소화가 잘 된다.

(3) 감

감의 단맛을 내는 당분은 포도당과 과당이 대표적이고 비타민 C 함량이 높다. 감에는 단감과 떫은 감이 있는데, 단감은 생과로 완숙되었을 때 수확하여 바로 먹을 수 있고, 떫은 감은 수확 후 떫은 맛을 없애고 생과로 이용하거나 말려서 곶감으로 이용한다.

곶감은 감에 비해 단맛이 4배이며 곶감 표면의 흰색가루는 당알코올인 만니톨로 설탕의 60%의 단맛을 가진다. 감에는 비타민 C와 A가 많다. 유기산이 없어 신맛은 없고 탄닌의 일종인 시부올(shibuol)이 많아 미숙한 감은 떫은 맛이 난다. 떫은 맛을 없애려면 감을 두꺼운 종이에 싸서 10일쯤 방치하면 된다.

(4) 귤

귤에는 비타민 C의 함량이 많은데 과육보다 껍질에 4배 정도 많이 함유되어 있다. 귤이 덜 익었을 때에는 당분이 적고 신맛이 강한데 신맛을 내는 주성분은 유기산으로 주로 구연산이다. 귤이 숙성함에 따라 당분은 많아지고 구연산의 함량은 적어져 단맛이 증가하고 신맛은 감소한다.

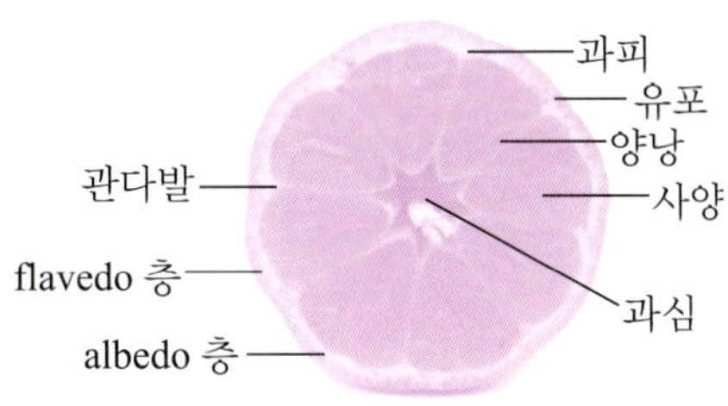

그림 8-3 온주밀감의 단면도

2. 핵과류(Stone Fruit)

과육의 중간에 씨방이 생장발달하여 단단한 핵을 이루고 그 안에 종자가 들어 있는 과일로 복숭아, 매실, 살구, 자두 등이 있다.

(1) 복숭아

과육의 색에 따라 백도와 황도가 있다. 백도는 과육의 색이 흰색으로 생과일로 주로 먹으며 과육의 색이 노란 황도는 단단하기 때문에 통조림에 이용된다. 당 함량은 7~11%로 서당, 포도당, 과당이 주성분이다. 펙틴이 많아 잼이나 젤리를 만들기에 적당하다.

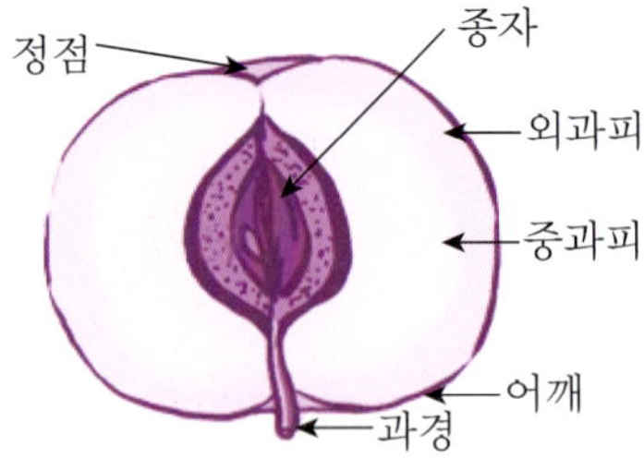

그림 8-4 핵과류

(2) 자두

자두의 과육에는 카로티노이드 색소가 많아서 노란색을 띤다. 유기산으로는 사과산이 많고 펙틴이 많이 들어있다. 생과는 주로 생식하지만 유럽에서는 젤리, 잼, 넥타 등에 이용된다.

(3) 대추

생대추에는 비타민 C가 60 mg% 함유되어 있으나 건조대추에는 없다. 9월에 수확하여 말린 건조대추는 대추차, 약식, 떡 등의 요리에 이용된다.

(4) 매실

매실은 매화나무의 열매로 미숙 매실인 청매에는 아미그달린(amygdalin)이 들어 있어 중독을 일으키므로 생으로 먹기보다는 즙, 장아찌, 매실주, 매실절임(우메보시), 매실 진액 등으로 가공하여 먹는다. 또 훈제한 것은 오매(烏梅)라고 하며 한방약으로 이용되었다.

톡톡 정보

- 아미그달린 (amygdalin)

  청매, 살구씨 등에 함유되어 있는 청산배당체로 효소에 의해 분해되면 유독물질인 시안화수소(청산)가 생성된다. 아미그달린을 함유하는 살구씨는 기침방지와 진통제로 이용된다.

3. 장과류(Fruits Berries)

중과피와 내과피로 구성되어 있고 그 속에 즙이 많은 육질로 이루어진 과일로 포도, 딸기, 오디, 무화과 등이 있다.

(1) 포도

포도는 품종과 성숙도에 따라 성분의 차이가 있으며 당질이 주성분이다. 단맛을 내는 당질의 주성분은 포도당과 과당으로 쉽게 소화흡수되어 피로회복에 도움이 된다. 또한 포도의 신맛은 주석산에 의한 것이다. 포도의 껍질에는 안토시아닌(anthocyanin) 색소가 있어 적포도주의 색깔을 지니며 식이섬유인 펙틴과 레스베라트롤(resveratrol)이 있어 장의 활동을 촉진시킨다.

톡톡 정보

- 적포도주와 레스베라트롤의 효능

  레스베라트롤은 항산화물질인 폴리페놀 계열에 속하는 물질로, 특히 적포도주에 다량 함유되어 있다. 레스베라트롤은 항암·항산화 작용이 있으며 혈액응고를 방지하는 데 효과적이다.

(2) 딸기

딸기의 붉은색은 안토시아닌계 색소이며 딸기에는 비타민 A와 C가 많이 들어 있다. 특히 딸기는 비타민 C가 가장 많은 편으로 감귤보다 많으며 사과의 16배가 많다. 주로 잼, 주스, 젤리, 셔벗(cherbet), 제과 원료로 많이 사용된다.

(3) 무화과

무화과는 생것으로 먹거나 말려서 이용한다. 무화과의 유즙 속에는 단백질 분해효소인 피신(ficin)이 많아 연육작용에 효과적이다.

4. 견과류

견과류는 외과피가 단단해진 것으로 종실을 가식부로 한다. 밤, 호두, 잣, 은행 등이 있다.

(1) 밤

밤은 수분 함량이 60% 정도로 쉽게 건조되고 썩기 쉽다. 당질은 약 30%를 차지하고 있으며 지방과 단백질은 거의 없다. 밤의 속껍질에는 엘라그산(ellagic acid)이 들어 있어서 떫은맛이 난다. 밤을 삶을 때에는 명반을 소량 넣고 삶으면 밤의 플라본 색소가 명반의 알루미늄과 불용성 염을 만들어 고운 노란색을 띠며 쉽게 부스러지지 않는다. 밤은 저장성이 낮아 빨리 부패하므로 말려서 보관하거나 통조림 혹은 병조림으로 보관하는 것이 좋다.

(2) 호두

호두는 지방함유량이 60% 정도이고 특히 불포화지방산이 많아 오래 보관하면 산패가 일어나 산패취가 나기 쉽다. 호두의 속껍질을 제거할 경우에는 뜨거운 식초물에 담그면 쉽게 제거된다. 호두죽, 호두과자, 호두말이, 호두강정, 호두파이, 샐러드용으로 사용된다.

(3) 잣

잣은 지질이 많아 칼로리가 높으며 비타민 E를 많이 함유하고 있다. 잣은 불포화지방산 함량이 많아 보관시 산패가 빨리 되므로 밀폐하여 냉동 보관한다. 잣에 함유되어 있는 아밀라아제(amylase)는 내열성이 있어 잣죽을 끓일 때 죽을 묽어지게 하는 원인이 된다. 잣을 조리에 이용할 경우 꼭지 부분에 있는 잣고깔을 떼어낸 후 비늘 잣이나 다져서 잣가루로 사용한다. 비늘 잣은 떡이나 약과 등의 장식으로 주로 사용한다. 잣을 다질 때에는 잣에 기름기가 많으므로 도마 위에 종이나 한지를 깔아 기름이 종이에 흡수되도록 한다.

(4) 은행

은행은 겉의 딱딱한 껍질을 제거한 후 속 알맹이를 사용하는데 알맹이에 붙어 있는 속껍질을 제거하고 나서 구워 먹거나 볶아서 음식에 사용한다. 은행의 속껍질은 기름을 약간 두른 팬에 은행을 살짝 굴려 뜨거울 때 벗기면 쉽게 제거된다.

5. 열대과일류

열대지방은 햇빛이 강해 광합성이 활발히 일어나 열대과일은 우리나라 과일에 비해 단맛이 더 강하다. 열대과일은 보관 시 냉장고에 넣지 않고 실온에서 보관하는 것이 좋다. 낮은 온도에서 저온보관할 경우 저온장애로 변색이 일어나기 쉽고 숙성력을 잃기 쉽다.

(1) 바나나(banana)

그림 8-5 요리용 바나나

바나나는 다른 과일에 비해 열량이 높고 칼륨 함량이 많다. 대표적인 후숙과일로 숙성이 되면서 바나나의 전분이 당분으로 분해되어 단맛이 증가한다. 따라서 바나나를 덜 숙성된 상태로 구입해 실온에서 숙성시키면 단맛이 증가해 맛이 좋다. 바나나의 껍질에 검은점이 생겼을 때는 당도가 가장 높은 상태로 단맛이 가장 강하다. 냉장 보관 시 저온장애로 껍질의 색이 검게 변색되므로 바나나는 실온에서 보관하는 것이 좋다.

톡톡 정보

• 저온장애(chilling injury)?

온도가 너무 낮을 경우 채소나 과일이 변질을 일으키는 현상을 저온장애라고 한다. 다른 말로 냉해라고도 하는데 저온장애를 일으키기 쉬운 과일은 바나나, 자몽, 망고, 아보카도, 파인애플 등이 있다. 열대지방이나 더운 지역에서 생산된 이런 과일은 익지 않았을 경우 상온보관이 좋다.

(2) 파인애플(pineapple)

그림 8-6 파인애플

파인애플은 섬유소가 풍부해서 변비 예방에 효과가 있으며 단백질 분해효소인 브로멜라인(bromelain)이 있어 고기를 부드럽게 해주므로 갈비찜이나 불고기 양념을 할 때 많이 이용된다. 또한 육류 섭취 후 파인애플을 후식으로 먹으면 소화가 잘 된다. 그러나 파인애플 통조림을 사용할 경우 육류의 연화 효과를 얻기 어려운데 그 이유는 효소인 브로멜라인이 열에 의해 불활성화되기 때문이다. 그러므로 육류의 연화를 위해서는 생파인애플을 사용해야 한다.

(3) 키위(kiwi fruit)

키위는 수확 후 후숙이 필요한 후숙과일의 하나로 실온에서 숙성시켜 먹는다. 비타민 C의 함량이 특히 높고 단백질 분해효소인 액티니딘(actinidin)이 있어 연육작용을 한다.

(4) 파파야(papaya)

멜론의 한 종류로 과육은 오렌지색이며 수분이 많고 달콤하다. 미숙한 그린파파야는 샐러드용으로 사용되며 파파인이라고 하는 단백질 분해효소를 함유하고 있어 고기를 연하게 하는 연육작용에 효과적이다.

(5) 아보카도(avocado)

과일 중 지방 함량이 17% 정도로 높은 것이 특징이며 지방산 중 85%가 불포화지방산으로 이루어져 있다. 아보카도는 혈압을 조절해 주는 칼륨이 열대과일 중 가장 많이 들어 있으므로 고혈압, 동맥경화 환자에게 좋다. 수프나 생선요리의 소스, 샐러드용으로 주로 이용된다.

(6) 코코넛(coconut)

코코넛은 과일 안의 과즙을 마시는데 차게 먹어야 제 맛이 나며, 속의 과육은 구수한 맛이 난다. 식용유지로 사용될 정도로 지질 함량이 높고 포화지방산 비율이 89%이다.

(7) 구아바(guava)

구아바에는 비타민 C가 귤의 3배 이상 함유되어 있으며 특히 칼륨이 풍부하다. 당흡수를 억제하는 효과가 있어 당뇨병 환자에게 좋다.

(8) 망고(mango)

열대과일로 단맛이 강하고 비타민 A가 풍부하다. 열량이 낮아 생으로 먹거나 주스로 많이 이용한다.

Section 3 과일의 숙성과정 변화

1. 과일의 숙성과정 변화

과일은 성숙함에 따라 조직 내에 함유되어 있는 여러 가지 효소의 작용에 의해 성분들이 변화된다. 이 효소의 작용은 성숙 후에도 계속 진행됨으로 수확한 과일은 효소작용을 지연 또는 억제시킬 수 있는 온도에 저장해야 과일의 질감이나 맛의 변화를 막을 수 있다.

과일은 성숙함에 따라 고유의 질감을 가지면서 과육이 점차 연해지는데 이는 과일의 세포벽에 존재하는 불용성의 프로토펙틴(protopectin)이 프로토펙티나아제(protopectinase)에 의해 펙틴(pectin)으로 전환되면서 조직이 부드러워지기 때문이다.

미숙 과일은 성숙되어가면서 색, 조직, 향, 맛 등이 변하게 된다.

- 색소의 변화 : 엽록소가 분해되면서 푸른색이 사라지고 안토시아닌계 색소가 합성되며 카로티노이드가 나타나서 성숙한 과일의 특유한 색으로 변한다.

- 산도저하와 향기 증가 : 유기산이 호흡작용에 의해 소모되고 에스테르로 전환되면서 산도가 저하되고 향기로워진다.

- 당도 증가 : 미숙과에 있던 전분은 분해되면서 포도당과 과당이 생성되어 당 함량의 증가로 단맛이 증가한다.
- 탄닌의 감소 : 미숙과에 다량 함유되어 있는 탄닌(tannin)은 성숙함에 따라 감소된다. 덜 익은 감이 떫다가 익게 되면 단맛이 증가해 맛이 좋게 된다.

표 8-2 과일의 숙성과정 중 변화

특 성	숙성과정에서의 변화
크기	증가한다.
조직	불용성 펙틴인 프로토펙틴이 수용성 펙틴으로 전환되어 부드러워진다.
색	과일 특유의 색으로 변한다.
유기산	신맛이 감소한다.
당	전분이 당으로 분해되어 단맛이 증가한다.
탄닌	미숙한 과일에 많은 탄닌이 불용성이 되어 떫은 맛이 감소한다.

2. 후숙 과일과 완숙 과일

과일에는 복숭아, 토마토, 바나나와 같이 외관, 크기 등은 성숙되었지만 수확한 후에도 계속 호흡작용을 하면서 익는 성질을 보이는 후숙과가 있고 포도, 귤과 같이 수확한 후에는 호흡이 느려져 더 익지 않으므로 충분히 익었을 때 수확해야 하는 완숙과가 있다. 후숙 과일은 미숙한 과일을 수확하여 일정 온도에서 후숙시키면 완숙 과일이 된다. 이 경우 신속한 완숙을 위해 에틸렌(ethylene) 가스를 이용하여 숙성을 촉진시킬 수 있다.

표 8-3 후숙 과일과 완숙 과일

특 성	과일의 종류
후숙과 (호흡기 과일)	사과, 배, 복숭아, 살구, 자두, 망고, 무화과, 바나나, 아보카도, 파파야, 구아바 등
완숙과 (비호흡기 과일)	딸기, 포도, 수박, 감귤류, 레몬, 체리, 파인애플, 메론 등

톡톡정보

• 과일의 호르몬, 에틸렌 가스

에틸렌(ethylene)은 사과 등에서 방출되는 탄소와 수소로 만들어진 달콤한 향기의 무색기체이다. 이 기체는 식물에 작용해 마치 호르몬처럼 성장을 조절한다. 미숙된 녹색 바나나를 노랗게 잘 익은 바나나로 만들기 위해 저장고에 에틸렌 가스를 삽입해 익게 하는 방법이 있다.

후숙 과일을 에틸렌 성분을 함유한 사과와 함께 보관하면 사과에서 방출되는 에틸렌 가스 때문에 과일의 숙성이 촉진되나 오래 보관하기를 원하는 경우 사과와 함께 보관하는 것은 피해야 한다.

또한 에틸렌 성분은 감자의 발아를 억제하여 싹이 잘 나지 않게 하는 기능을 한다. 에틸렌 가스를 방출하는 채소나 과일로는 사과, 브로콜리, 양배추, 피망, 토마토, 멜론, 감, 키위, 아보카도 등이 있다.

에틸렌이 방출되어 성장을 조절한다.

에틸렌이 방출되어 다른 과일들이 빨리 익는다.

그림 8-7 에틸렌 가스를 방출하는 사과

Section 4 과일의 조리 시 변화와 특성

1. 갈변현상

(1) 효소적 갈변

사과, 배, 바나나, 복숭아의 껍질을 벗기거나 자르면 절단면이 공기 중에 노출되어 조직 속에 함유되어 있는 폴리페놀 화합물이 산소와 접촉하여 갈색 물질을 생성하는데 이를 효소적 갈변현상이라고 한다. 효소적 갈변현상은 폴리페놀옥시다아제(polyphenoloxidase, polyphenolase)에 의한 갈변현상이다.

(2) 효소적 갈변을 방지하는 방법

① 효소의 불활성화

효소는 복합단백질이므로 가열을 통해 효소적 갈변을 억제할 수 있다. 과일통조림이나 잼 등의 제조 시 고온에서 열처리하면 효소가 불활성화 되어 갈변이 억제된다. 이때 열처리 과정에서의 가열온도와 시간에 대한 주의가 필요하다.

② pH의 조절

폴리페놀옥시다아제(최적 pH 5.8～6.8)가 존재하는 식품의 pH를 3.0 이하로 변화시키면 효소의 활성이 상실되므로 레몬즙이나 오렌지즙 등의 과즙을 뿌리거나 담가두어 갈변을 억제할 수 있다.

③ 온도의 조절

갈변 효소의 최적 온도인 40±1℃를 피하여 냉장하거나 −10℃ 이하의 냉동 상태를 유지하면 폴리페놀옥시다아제의 효소작용을 억제하여 갈변을 방지할 수 있다.

④ 금속저해제 및 염소이온의 이용

폴리페놀옥시다아제는 구리를 가진 금속효소로 구리이온(Cu^{2+})이나 철이온(Fe^{2+})에 의해 활성화되며 염소이온(Cl^{-})에 의해서는 활성이 억제된다.

따라서 철이나 구리로 된 조리기구에 과일을 조리하지 않는다. 또한 염소이온(Cl^-)은 폴리페놀옥시다아제의 활성을 방해하는 성질을 가지고 있으므로 과일을 희석된 소금물에 담가두면 갈변을 방지할 수 있다.

표 8-4 효소적 갈변방지법

방법		예
가열 처리	효소는 단백질로 구성되어 있으므로 폴리페놀옥시다아제, 티로시나아제 등을 가열하여 불활성화함	데치거나 열처리하여 통조림한다.
pH 조절	pH를 산성으로 변화시켜 폴리페놀옥시다아제의 활성(최적 pH 5.8~6.8)을 억제	과일을 벗긴 후 레몬즙이나 오렌지즙 등의 과즙에 담근다.
온도 조절	효소작용이 억제되는 −10℃ 이하로 유지	얼음물에 담그거나 동결 저장한다.
효소촉진제 제거	폴리페놀옥시다아제와 티로시나아제는 철, 구리에 의해 효소의 활성이 촉진되므로 제거	철제 금속 용기를 사용하지 말고 스테인레스 용기를 사용한다.
효소저해제 이용	아황산가스, 아황산염, 염소 등은 폴리페놀옥시다아제와 티로시나아제에 대해 강한 저항 작용을 함	과일의 가공 시 아황산, 아황산염, 소금 등을 사용한다.
효소 및 기질 제거	갈변 기질과 효소가 수용성인 경우 물에 담가 침출시킴	감자, 밤은 껍질을 벗긴 후 물에 담근다.
산소 제거	산소가 존재하면 효소적 또는 비효소적 갈변이 촉진되므로 산소를 제거하여 산소의 접촉을 억제	껍질을 벗긴 뒤 진공포장하여 산소를 제거하거나 물, 설탕물에 담가 산소를 차단한다.
환원성 물질 첨가	갈변반응은 산화반응이므로 환원성 물질을 첨가하여 갈변 억제	아스코르브산을 첨가하거나 −SH화합물을 첨가한다.

⑤ 산소의 제거

산소가 존재하면 갈변반응이 촉진되므로 산소를 제거하면 갈변을 방지할 수 있다. 껍질을 제거하거나 절단한 과일은 산소의 접촉을 피하기 위해 물에 담그거나 진공포장을 해서 갈변 현상을 억제한다. 산소를 제거한 혐기적인 상태가 오래 지속되면 이상 대사물질이 형성되고 세포의 파괴 현상이 일어나므로 주의해야 한다.

⑥ 항산화제의 사용

항산화작용이 강한 아스코르브산(ascorbic acid)은 갈변을 억제하는 효과가 크므로 아스코르브산이 많이 들어 있는 감귤류로 만든 주스로 껍질을 제거하거나 절단한 과일에 뿌려주면 갈변을 방지할 수 있다.

또한 파인애플 주스에는 황화합물이 많아 파인애플 주스에 깎은 과일을 담가두면 갈변을 억제할 수 있다.

⑦ 아황산가스 · 아황산염

아황산가스와 아황산염은 폴리페놀옥시다아제에 대해 강한 저항작용을 가져 갈변방지를 위해 이용된다. 과일을 건조시킬 때 아황산가스에 노출시켜 건조하면 산화 방지를 통해 갈변이 억제되고 효소의 작용이 억제된다. 또한 아황산가스 처리는 미생물의 번식을 억제하여 방부효과도 있다. 단,아황산가스는 호흡기를 자극하여 천식을 유발하며 심장기능과 심폐기능에 악영향을 주므로 식품위생법상 그 사용이 제한되어 2g/kg까지 사용이 허용되고 있다.

⑧ 천연 갈변억제제 사용

건강상의 이유로 천연의 갈변억제제에 대한 선호가 많은데 파인애플 주스에는 설프히드릴-에스에이치(sulfhydryl－SH) 물질이 함유되어 있고 레몬에는 구연산과 비타민 C가 많아 환원제의 역할을 한다.

2. 조리 중의 변화

(1) 질감의 변화

과일이 지니고 있는 독특한 질감은 과일을 구성하고 있는 섬유소의 양과 특성에 의해 결정된다. 과일에 물을 가하고 가열하면 섬유소는 연화되고 세포막은 변성이 일어나 투과성을 잃게 된다. 익힌 과일은 세포 간의 불용성 프로토펙틴(protopectin)이 가열에 의해 수용성 펙틴으로 전환되어 아삭한 질감이 없어지고 조직은 연하게 된다. 연화를 지연시키려면 조직을 연화시킨 후 설탕을 가하여야 한다. 삶은 과일은 생과일보다 투명해지는데 이는 세포간 공간에 차 있던 가스가 물과 대치되기 때문이다.

(2) 향미의 변화

과일의 향미성분은 주로 당과 휘발성인 유기산과 에스테르(ester)로 과일을 오래 가열하면 유기산이 휘발되어 과일 자체가 가지고 있던 향미를 잃게 된다.

(3) 색의 변화

조리 중 과일의 색이 변화하는 요인은 과육 내에 함유되어 있는 유기산과 조리수의 pH 및 무기질 등에 의한 반응 때문이다. 색소 변화의 예를 보면 안토시아닌을 포함하는 과일 주스에 산이 첨가되면 붉은색이 진해지고 반대로 안토시아닌을 포함하는 주스에 알칼리가 첨가되면 청색이 된다.

딸기잼을 만들 때 급히 가열조리하면 색이 빨리 퇴색하는 경우가 있는데 서서히 가열하여 세포의 호흡에 필요한 산소를 완전히 소비하게 하면 적색 딸기의 색을 선명하게 유지할 수 있다.

(4) 영양가의 변화

과일을 가열 조리할 때 열과 산화에 약한 비타민 C는 영향을 많이 받으므로 조리시간을 단축하여 영양가의 손실을 최소화할 수 있다.

Section 5 과일의 조리 및 이용

과일은 주로 생으로 섭취하나 주스, 건과, 통조림 또는 냉동하여 먹기도 한다.

(1) 생과일

아름다운 색과 모양을 가지고 있는 생과일은 특유의 단맛과 신맛 그리고 향미성분을 함유하고 있어 생으로 섭취하는 것이 가장 좋은 방법이다. 생으로 섭취할 경우에는 신선하고 농약의 오염이 적은 것을 선택해야 한다.

(2) 건조과일

과일을 수분 30% 이하로 건조시킨 것으로 건조 방법으로는 일광건조, 탈수, 진공건조, 냉동건조 방법이 있다. 과일을 건조하면 수분은 감소하고 당질의 함량은 증가하며 미생물의 오염에도 안전하다. 대추, 건포도와 같이 일광조건에 의해 말린 과일은 수분 함량이 15~18%이며, 곶감은 수분 함량이 28~30% 정도이다. 건조과일은 맛과 영양소가 농축되어 있어 간식으로 이용하기에 좋다.

(3) 냉동과일

냉동저장은 과일을 장기간 저장할 수 있는 방법으로 과일을 생물 그대로 얼리는 방법과 냉동하기 전에 끓는 물에 데쳐 영양과 색의 파괴에 관여하는 효소를 불활성화시킨 후 얼리는 방법이 있다. 과일을 생으로 얼릴 때는 과일에 설탕을 뿌리거나 과일이 잠길 정도로 시럽을 부어 얼리면 형태와 질감이 보존된다. 과일을 냉동시킬 때 과일의 당도와 비슷한 농도의 설탕 시럽을 이용하면 빙점이 낮아져 잘 얼지 않아 과육의 형태와 질감을 유지할 수 있다.

(4) 잼과 젤리

대부분의 과일은 함량의 차이는 있으나 펙틴을 가지고 있어 적량의 당과 산이 존재하면 잼, 젤리, 마멀레이드 등과 같은 펙틴-겔(pectin-gel)을 만들 수 있다. 펙틴 겔의 최적 형성 조건은 펙틴 1%, 당 65%, pH 3.0~3.3 상태이다.

톡톡 정보

- 딸기잼을 만들 때 어떤 딸기를 선택해야 맛있는 잼을 만들 수 있나요?

  잼의 겔을 형성하는 데 중요한 펙틴 물질은 펙틴 상태일 때가 가장 겔 형성이 잘 되므로 과숙되지 않은 완숙된 신선한 딸기를 이용하는 것이 좋다. 과숙한 과일을 사용할 경우 펙틴이 펙티나아제(pectinase)에 의해 분해되어 겔 강도가 약한 젤리가 형성되고, 미숙한 과일을 사용할 경우 프로토펙틴(protopectin)은 물에 불용성이므로 젤리 형성에 적합하지 않다.

(5) 과일 통조림

과일을 가공하는 방법 중에서는 통조림 가공이 많이 이용되는데 과일 통조림은 과일의 변질을 막기 위하여 열처리하여 밀봉한 것이다. 통조림 과일의 경우 생과일이 갖고 있던 과일의 향과 질감은 다소 달라진다. 통조림을 만들 때 첨가되는 산과 칼슘염은 과일을 단단하게 한다.

(6) 펙틴 물질

① 과일과 펙틴물질

과일의 세포벽과 세포벽 사이에는 펙틴(pectin)물질이 들어 있는데 세포를 결착시키는 접착제 역할을 하며 주로 과일의 껍질이나 조직에 함유되어 있다. 펙틴물질은 불용성인 프로토펙틴(protopectin)과 수용성인 펙틴산(pectinic acid), 펙틴(pectin), 펙트산(pectic acid)이 있다.

미숙성 과일이나 과피에는 대부분이 불용성인 프로토펙틴(protopectin) 상태로 존재한다. 과일이 익으면서 프로토펙틴이 프로토펙티나아제(protopectinase)에 의해 가수분해되어 수용성인 펙틴과 펙틴산이 된다. 그러나 과일이 너무 익게 되면 펙틴이 펙티나아제(pectinase)에 의해 펙트산으로 분해되므로 겔 형성 능력이 저하되어 젤리화에 적당하지 않다.

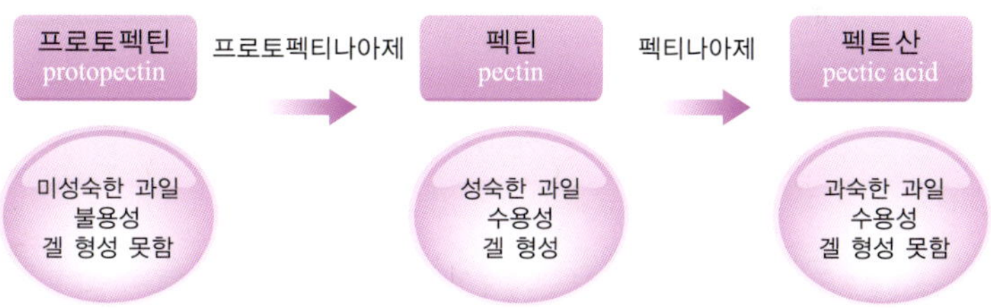

그림 8-8 펙틴 물질의 변화

② 당과 펙틴 물질

설탕이 탈수제의 역할을 하기 때문에 설탕을 주로 첨가하는데 펙틴분자로 이루어진 교질용액에 설탕을 첨가하면 교질용액 내부나 펙틴 표면에 수화되어 있는 물 분자들이 설탕의 수화에 이용되어 수분이 제거됨으로써 펙틴 분자 간의 간격이 줄어들어 겔(gel) 형성이 쉬워진다. 잼 제조 시 설탕을 처음에 넣고 가열하는 것이 겔 형성이 잘 된다.

③ 산과 펙틴물질

과일의 유기산이나 첨가해 준 산은 산성 조건을 만들어 산성에서 형성된 수소 이온에 의해 펙틴분자의 전하를 감소시켜 펙틴분자의 안정성이 감소되므로 펙틴 분자끼리의 결합과 침전이 용이해지고 팩틴분자끼리 망상구조를 잘 이룰 수 있게 한다.

그림 8-9 펙틴 · 산 · 당에 의한 겔의 형성

과일 잼과 젤리의 조리는 가열에 의해 수분이 증발되어 농축되면서 질감이 형성되는 것이다. 이때 조리 시간이 길면 펙틴이 산에 의해 분해되어 젤리화하는 힘이 약화될 뿐만 아니라 설탕의 캐러멜화에 의해 맛과 향미도 변하게 된다.

과일을 이용하여 잼을 만들 때에는 과숙되지 않은 과일을 저으면서 물기가 충분히 나올 때까지 익힐 수 있도록 설탕을 2~3회에 나누어 가해 주면서 졸인다. 일반적으로 과일의 당도가 10~15%이므로 젤리에 가장 적합한 설탕 농도인 65%로 맞추기 위해서는 과일의 $\frac{1}{2}$이나 동량의 설탕을 넣는다.

잼의 완성 정도를 판정하는 방법에는 여러가지가 있는데 스푼법과 컵법이 대표적인 방법이다.

톡톡 정보

- **젤리점**(jelly point)

젤리나 잼을 조리할 때 펙틴-젤이 적당히 형성되어 졸이는 것이 완성되는 점을 젤리점이라 하고 방법으로는 스푼법, 컵법, 온도계법, 당도계법 등이 있다.

스푼법

조린 과즙액을 스푼으로 떠서 흘러내리는 모양을 관찰하는 방법으로 묽은 시럽 모양으로 떨어지면 부적당하고, 일부는 떨어지고 일부는 숟가락에 붙어 오르면 적당하다.

컵법

끓는 과즙을 한 스푼 떠서 냉각시킨 다음, 냉수를 담은 컵 속에 떨어뜨려 당액이 뭉쳐지는 모양을 관찰하는 방법으로 퍼지지 않고 바닥에 한 번에 떨어져야 적당하다.

온도계법

과즙을 끓이는 용기에 온도계를 넣어서 측정한 후 온도가 103~104℃가 될 때까지 농축시키는 방법

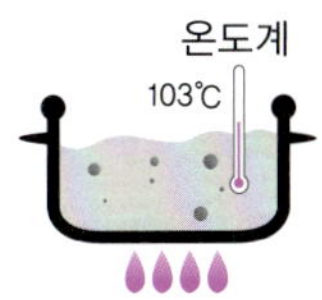

당도계법

당도계로 당도를 측정하여 65%가 될 때까지 농축시키는 방법

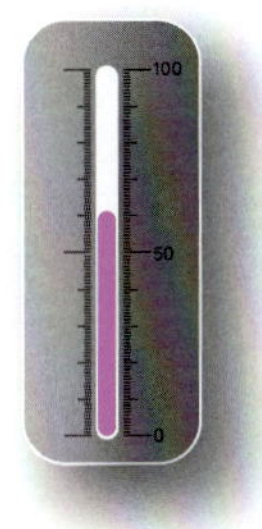

그림 8-10 다양한 젤리점의 판정법

Section 6 과일의 저장

과일은 수확에서 소비될 때까지 신선도 유지가 힘들며 성분변화도 빨리 일어나는데 특히 비타민 C의 산화, 색소, 당, 산, 펙틴질의 변화로 재료가치가 상실되는 경우가 많다. 원인으로는 증산작용, 호흡작용, 후숙 등을 들 수 있다.

대부분의 신선한 과일은 냉장보관하는데 냉장보관하면 호흡이 낮아져 부패가 지연된다. 냉장보관 시 뚜껑이 있는 용기에 넣어 냉장 저장하는 것이 신선도를 유지하는 데 좋다. 단, 열대과일은 실온에서 보관해야 한다.

(1) 인공숙성

과일은 수확 후 소비자가 섭취하기까지 유통기간이 오래 소요됨으로 주로 완숙되지 않은 과일을 수확하여 출하 시 인공적으로 숙성시키는 경우가 많다. 대표적인 것이 감귤류, 바나나, 토마토 등으로 주로 에틸렌가스를 사용하여 과일 내에서 숙성과정과 관련된 생리적 변화를 일으켜 과일이 숙성되게 한다.

(2) CA 저장법

과일은 저장 중에도 호흡작용에 의해 당질 등의 소모가 발생하여 품질이 저하된다. 이런 작용을 억제하기 위해 CA 저장법을 사용한다.

CA(controlled atmosphere)라고 하는 가스 저장을 하게 되면 과일은 후숙이 서서히 진행되어 오랜 기간 저장이 가능해지며 색과 단단함을 오랫동안 유지할 수 있다. 효과적인 CA-저장의 조건은 탄산가스 2~5%, 산소 2~3%, 온도 0~4℃를 유지하는 것이 좋다.

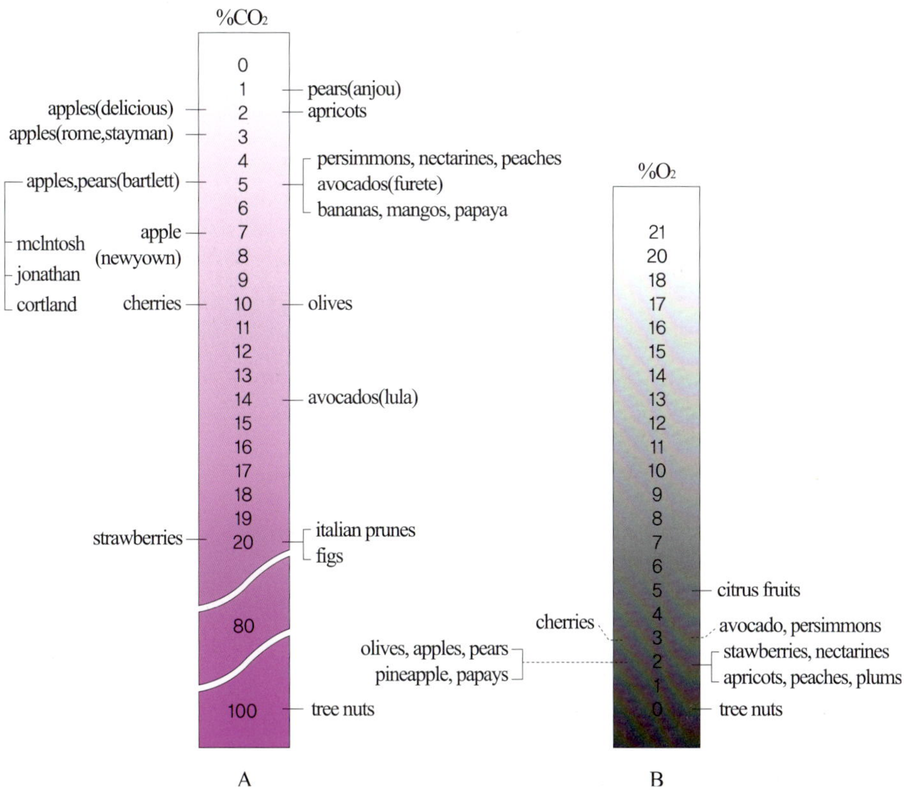

그림 8-11 각종 과실의 CA-저장 가스 적정 농도표

Chapter 9

채소류

채소는 다양한 색과 향기 성분을 함유하고 있어 식욕을 돋우어 준다. 또한 채소는 비타민, 무기질 등의 영양소를 함유하고 있으며 수분함량이 많아 열량이 낮으므로 대중적으로 인기가 많은 식품이다. 채소는 조리과정 동안 색과 질감 뿐 아니라 영양적으로도 많은 변화가 일어나므로 조리과정에 대한 이해가 필요하다.

Section 1 채소의 성분과 분류

1. 채소의 성분

채소는 약 90%의 수분과 1~3%의 단백질, 0.1~0.5%의 지질, 2~10%의 탄수화물을 함유하고 있다.

채소는 대체로 지질의 함량은 낮은 반면에 칼슘, 철, 비타민 A와 C, 엽산의 함량이 높고 초록색이 진할수록 비타민 A 함량이 많다.

톡톡 정보

• 오이와 무, 어울리는 채소일까요?

비타민 C가 많이 함유된 채소에는 무와 오이, 당근, 호박 등이 있다. 비타민 C가 많이 함유된 채소인 오이를 조리시 칼로 썰면 비타민 C를 파괴하는 아스코르비나아제(ascorbinase)라는 효소에 의해 비타민 C가 파괴된다. 따라서 무생채나 물김치를 만들 때 오이를 넣는 것은 무의 비타민 C까지 파괴하게 되어 바람직하지 않으므로 미나리, 쪽파 등을 사용하는 것이 좋다.

2. 채소의 분류

채소는 잎, 줄기, 뿌리, 구근, 열매, 꽃 등을 식용하는데 섭취하는 부위에 따라 엽채류, 경채류, 근채류, 과채류, 화채류로 분류된다.

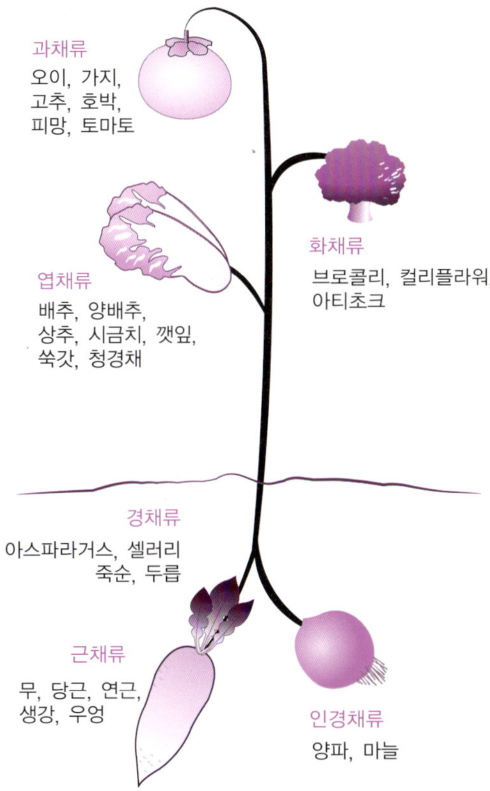

그림 9-1 채소류의 분류

(1) 엽채류

엽채류는 잎을 식용하는 채소로 줄기를 함께 먹는 일이 많아 엽경채류라고 분류하기도 한다 엽채류에 속하는 채소는 배추, 양배추, 상추, 시금치, 깻잎, 쑥갓 등으로 수분을 90% 이상으로 많이 함유하고 있으며 당질, 단백질, 지질 함량은 낮다. 또한 철분, 칼슘 등의 무기질과 비타민이 풍부하며 특히 잎의 색이 진할수록 비타민 A가 풍부하다.

(2) 경채류

셀러리, 아스파라거스, 죽순, 두릅 등 줄기를 먹는 채소를 경채류라고 하며, 양파, 마늘 등 비늘줄기를 식용하는 것을 인경채류라고 한다. 경채류는 엽채류와 같이 수분을 많이 함유하고 있으며 칼슘, 철분, 칼륨이 풍부하다.

(3) 과채류

열매를 채소로 이용하는 것으로 일반적으로 수분함량이 높고 당질은 적다. 가지, 호박, 오이, 토마토, 고추 등이 과채류에 속한다. 토마토, 수박, 참외와 같은 일부식품은 채소와 과일로 혼용하여 사용하기도 한다.

(4) 근채류

채소의 뿌리 부분을 식용하는 것으로 무, 당근, 우엉, 연근, 생강 등 토양으로부터 수분과 영양성분을 흡수하여 뿌리가 다량의 영양성분을 저장하게 된 것을 말한다. 다른 채소에 비해 당질 함량이 많고 수분 함량이 적다.

(5) 화채류

브로콜리, 콜리플라워, 아티초크 등은 화채류로 꽃을 이용하는 채소이다. 채소 중에서 비타민 C가 가장 풍부하며, 특히 브로콜리의 비타민 C 함량은 레몬의 2배 정도이다.

Section 2 채소의 조리 특성과 변화

채소는 조리 시 고유의 색과 향, 특유의 맛이 손실되지 않도록 주의해야 하며, 특히 비타민과 무기질의 급원이 되는 식품이므로 이 성분들이 파괴되지 않도록 해야 한다.

1. 채소의 조리 시 색 변화

채소의 색소는 크게 클로로필이나 카로티노이드계의 지용성 색소와 안토시아닌과 안토크산틴(anthoxanthin)의 플라보노이드계의 수용성 색소로 구분된다. 채소의 색소는 조리에 의해 가장 영향을 받는다.

표 9-1 채소의 색소

구분	클로로필	카로티노이드계	플라보노이드계	
			안토시아닌	안토크산틴
색	녹색	노란색, 주황색, 빨강색	보라색, 적색	무색, 담황색
용해	지용성	지용성	수용성	수용성
가열	녹갈색	안정	안정	안정
산	녹갈색	색이 연해짐	안정 선명한 적색	안정 무색
알칼리	선명한 녹색	안정	청색	황색

(1) 클로로필(엽록소)

클로로필(chlorophyll)은 녹색채소의 잎에 많이 함유되어 있는데 식물의 엽록체에 단백질과 결합되어 존재하며 식물의 광합성에서 중요한 역할을 한다. 클로로필은 a와 b의 두 종류가 존재하는데 a는 청록색, b는 황록색으로 식물에 따라 클로로필의 함유비가 다르나 보통 3:1의 비율로 존재한다.

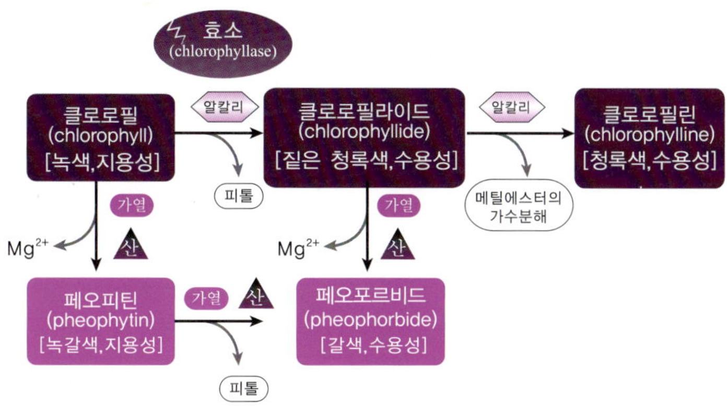

그림 9-2 조리 시 클로로필의 변화

엽록소는 지용성 색소로 물에는 용해되지 않고 산이나 알칼리 또는 가열에 의해 변색된다. 조리 시 클로로필의 변화는 그림 9-2와 같다.

① 가열에 의한 변화

클로로필은 지용성으로 물에 용해되지 않지만 채소 가열 시 조직이 파괴되어 식물 세포 내에 함유되어 있던 유기산이 클로로필 색소와 반응하게 된다. 녹색채소를 물에 데치면 조리수가 녹색으로 변하는데 이는 수용성인 클로로필라이드(chlorophyllide)가 용출되기 때문이다.

녹색 채소를 끓는 물에 데치면 녹색이 매우 선명해지는데, 가열시간이 길어지면 녹갈색의 페오피틴으로 변해 누렇게 변색된다. 따라서 단시간에 데쳐야 하고 데친 후에는 신속히 찬물이나 얼음물에 헹구어 주면 선명한 녹색을 유지할 수 있다.

② 산에 의한 변화

산성용액에서 클로로필은 결합되어 있던 마그네슘이온(Mg^{+})이 빠져나와 수소이온(H^{+})으로 치환되어 페오피틴(pheophytin)을 형성하는데 지속해서 산이 작용하면 페오피틴이 페오포르비드(pheophorbide)로 분해되어 갈색이 된다.

채소는 여러 가지 유기산을 가지고 있으나 소량 함유되어 있고 대부분 염의 형태로 존재하므로 신맛이 적거나 거의 없다. 채소의 유기산은 비휘발성 유기산과 휘발성 유기산이 있는데 비휘발성 유기산의 경우 끓는 물에 채소를 가열하면 조리하는 물에 용해되어 조리수의 pH를 산성으로 만들어 녹색채소를 녹황색으로 변하게 한다.

표 9-2 산에 의한 클로로필 변화의 조리 예

조리 예	특 징
쑥 데치기	쑥을 데치면 쑥에 함유되어 있던 유기산이 조리수에 용출되어 클로로필과 반응하여 갈색이 된다.
배추김치	김치를 담근 후 갈색을 띠는 것은 발효에 의해 생성된 젖산이나 초산이 클로로필에 작용하여 페오피틴을 형성하기 때문이다.
시금치된장국	간장이나 된장이 첨가된 국물은 산성이므로 시금치는 시간이 지남에 따라 산에 의해 변색된다. 따라서 채소국을 조리할 때는 채소를 미리 데쳐서 넣거나 먹기 직전 넣는게 좋다.
오이생채	오이가 시간이 지나면서 식초의 산에 의해 누렇게 변색되므로 먹기 직전에 무치는 것이 좋다.

휘발성 유기산은 채소를 가열하면 수증기와 함께 증발하는데 분자량이 작은 것일수록 빨리 휘발한다. 따라서 녹색 채소를 데칠 때 가열 초기에는 냄비의 뚜껑을 열어 휘발성 유기산을 휘발시키면 색의 변화를 어느 정도는 방지할 수 있다.

톡톡 정보

• **시금치는 데쳐서 먹는다!**

시금치는 수산을 풍부하게 함유하고 있는데 수산은 체내에 흡수된 칼슘과 결합하여 칼슘의 이용률을 감소시키는 작용을 한다. 그러나 시금치의 수산은 데치기만 해도 물에 쉽게 용출되어 제거되므로 시금치를 데쳐 사용하는 것이 좋다.

• **채소를 데칠 때 소금을 넣는 이유는?**

채소를 데칠 때 소금을 넣어 1~2%의 소금물에 채소를 데치면 데치는 물의 농도가 채소의 세포액의 농도와 같아져서 채소의 수용성 성분이 적게 용출된다. 또한 소금물로 데치면 채소의 색이 선명한데 이는 소금이 클로로필의 용출을 감소시키는 작용을 하기 때문이다.

③ 알칼리에 의한 변화

클로로필은 알칼리에 안정하므로 조리수가 약알칼리일 때 녹색 채소는 선명한 녹색을 유지한다. 클로로필은 알칼리성 용액에서는 피톨이 떨어져 나가 짙은 청록색의 수용성 클로로필라이드(chlorophyllide)가 되고 계속해서 클로로필의 메탄올이 떨어져 나가 청록색의 수용성인 클로로필린(chlorophylline)을 형성한다. 따라서 녹색 채소를 가열할 때 중조(식소다, 탄산수소나트륨, baking soda, $NaHCO_3$)를 소량 넣어 주면 채소의 색이 선명하게 유지된다. 그러나 알칼리는 섬유소를 연화시켜 채소의 질감을 물러지게 하고 비타민 B_1과 비타민 C를 파괴하여 영양소의 손실을 초래하므로 사용 시 주의해야 한다. 녹색채소를 데친 후 얼음물에 헹구어 신속히 냉각시키면 조직의 연화와 비타민 C의 용출을 방지할 수 있다.

④ 금속에 의한 변화

클로로필은 구리, 아연 등의 금속과 함께 가열하면 클로로필 중의 마그네슘 이온이 금속이온과 치환되어 안정하고 선명한 녹색의 구리-클로로필, 아연-클로로필을 형성한다. 이 원리를 이용하여 완두콩으로 통조림을 만들 때 가열에 의한 완두콩의 변색을 막기 위해 0.05%의 황산구리($CuSO_4$)로 처리하여 안정적인 구리-클로로필을 형성하게 하여 녹색을 보존하도록 한다.

(2) 카로티노이드

카로티노이드(carotenoid)는 자연계에 가장 많이 존재하는 천연색소로 당근, 고구마, 옥수수 등의 주황색과 황색 또는 황적색을 띠는 색소이다. 카로티노이드는 물에는 녹지 않으나 기름에는 녹는 지용성 색소로 분자 내의 이중결합의 수가 증가할수록 색이 붉어지고 감소할수록 황색을 나타낸다. 카로티노이드는 크게 카로틴(carotene)과 크산토필(xanthophyll)로 분류할 수 있는데 카로틴에는 α-카로틴, β-카로틴, γ-카로틴, 리코펜(lycopene) 등이 있다. 당근, 고구마, 호박, 오렌지에 들어 있는 β-카로틴이 가장 대표적이며 토마토, 수박, 자몽에 들어 있는 리코펜은 β-카로틴보다 붉은 적색을 나타낸다. 카로틴 중 일부는 비타민 A의 전구체로 작용하는데 카로틴과 달리 크산토필은 비타민 A로 전환되지 않는다.

① 가열에 의한 변화

카로티노이드는 가열조리에 비교적 안정하며, 산 · 알칼리에 영향을 받지 않아 색이나 영양가에 거의 변화가 없다. 당근 조리 시 조리시간이 길어지면 색이 갈색으로 변하는 경우가 있는데 이는 카로티노이드의 변화가 아니라 채소 내 함유되어 있는 당에 의한 캐러멜화에 의한 것이다.

카로티노이드는 지용성이므로 당근과 같이 이 색소를 많이 함유한 채소를 기름에 볶으면 색소가 용해되어 침출하여 기름의 색이 변하는 것을 볼 수 있다. 지용성 색소가 포함된 식품은 기름으로 조리하면 유효성분의 흡수율이 높아져서 영양면에서 효과가 있다. 또한 유지와 공존하면 체내에서 흡수가 좋으므로 녹황색 채소는 볶거나 튀기는 것이 좋다. 토마토의 리코펜도 지질에 녹는 물질이므로 토마토를 올리브유 등의 기름과 함께 먹으면 좋다.

② 산화에 의한 변화

카로티노이드계 색소는 산화에는 약해 공기 중의 산소나 산화효소 등으로 쉽게 산화되어 퇴색된다. 식품에 존재할 때는 공기 중의 산소와 접촉할 기회가 적어 산화적 파괴는 거의 일어나지 않으나, 식품에서 분리되면 공기 중의 산소와 접촉하여 색소가 산화 · 퇴색된다. 볶아 둔 당근이 시간이 지남에 따라 어두운 색으로 변하는 것은 이 때문이다.

2. 플라보노이드계 색소

플라보노이드(flavonoid)계 색소는 크게 안토시아닌계(anthocyanin) 색소와 안토크산틴계(anthoxanthin) 색소로 분류할 수 있다.

(1) 안토시아닌

안토시아닌은 과일이나 자색 양배추, 비트, 가지 등의 채소에 존재하는 선명한 적 · 자색의 색소로 수용성이어서 많은 양의 색소가 물에 용해되면 색이 엷어진다. 나박김치를 담글 때 고춧가루를 면보에 싸서 물에 넣어 고춧물을 내거나 깍두기의 무를 고춧가루에 버무리면 빨갛게 되는 것도 안토시아닌 색소의 수용성 성질을 이용한 것이다. 안토시아닌 색소는 산에는 안정하여 색을 더욱 선명하게 유지하지만 조리과정에서 매우 불안정하고 가공이나 저장 중에 급속히 변색하여 식품의 품질을 저하시킨다.

① 산 · 알칼리에 의한 변화

안토시아닌 색소는 산성 용액에서는 안정하여 적색을 띠거나 색이 더욱 선명하게 유지되고, 중성 용액에서는 보라색을 띠며, 알칼리성 용액에서는 청색을 띤다. 그러나 이 반응은 가역적인 것으로 알칼리에 의해 변색된 청색은 다시 산을 가하면 청색에서 적색으로 환원된다. 그러므로 자색 양배추를 조리할 때 사과 주스, 레몬 주스, 식초와 같은 산을 첨가하면 청색으로 변색되는 것을 방지하여 선명한 색을 유지할 수 있다. 또한 안토시아닌을 함유한 채소에 산을 첨가하면 아름다운 적색이 되는 것을 조리에 이용하기도 하는데 회나 초밥을 먹을 때 함께 먹는 생강초절임의 색이 적색에 가까운 분홍색으로 물들인 것이 그 예이다.

② 금속에 의한 변화

안토시아닌 색소는 알루미늄, 철 등의 금속과 결합하면 안정되므로 가지 조리 시 철 성분을 넣어 변색을 방지할 수 있다.

③ 가열에 의한 변화

안토시아닌계 색소는 열에 불안정하여 가열처리하는 동안 색소가 쉽게 분해 · 중합되어 색이 변한다.

따라서 가지를 쪄서 나물로 무치거나 볶으면 생것일 때의 색이 유지되지 못한다.

(2) 안토크산틴

안토크산틴계 색소는 자연계에 널리 분포되어 있으며 무, 배추줄기, 양파, 우엉, 연근과 같은 백색채소에 존재한다. 안토크산틴계 색소는 무색 또는 담황색의 수용성 색소로 열에 비교적 안정하지만 장시간 가열하면 색이 어두워진다.

① 산 · 알칼리에 의한 변화

안토크산틴 색소는 산에는 안정하여 선명한 백색을 유지하므로 조리할 때 백색을 유지하기 위해서는 식초, 주석산 등의 산을 첨가하면 된다. 예를 들어 무생채를 할 때 식초를 넣으면 산이 첨가되어 무의 색이 더욱 선명한 백색이 된다. 안토크산틴 색소는 알칼리에서는 불안정하여 황색으로 변하므로 콜리플라워나 양파를 알칼리염 함량이 많은 경수로 조리 시에는 황색으로 변하는 것을 방지하기 위해 식초나 레몬주스를 첨가한다.

② 금속에 의한 변화

안토크산틴은 금속이온과 반응하여 불용성 착화합물을 생성하는데 철과는 적갈색, 알루미늄과는 황색 화합물을 만든다. 양파를 철제칼로 썰면 적갈색으로 변하고 알루미늄 팬에서 조리하면 황색으로 변하는 것을 볼 수 있는데, 이는 안토크산틴이 금속이온과 결합하였기 때문이다.

3. 채소의 조리 시 향의 변화

채소의 향미성분은 당분, 유기산, 무기염류, 휘발성 황화합물 및 탄닌류이다. 유기산은 비휘발성인 사과산, 구연산, 옥살산, 숙신산 등으로 휘발성 황화합물과 함께 향미성분이 된다. 이와는 다르게 마늘, 양파, 파, 배추, 무, 고추냉이, 겨자 등은 썰거나 다지면 조직이 파괴되면서 효소작용에 의해 함유되어 있던 황화합물이 휘발성이 강한 저분자 화합물로 분해되어 강한 냄새를 나타낸다.

반면에 시금치, 쑥갓, 오이, 가지, 호박 등의 채소는 약한 향미를 가지고 있는데 이러한 채소의 향미성분은 물에 넣고 가열하면 수용성 성분이 용출되므로 소량의 물에 단시간 조리하는 것이 좋다.

또한 가지나 호박 등은 물에 삶는 것보다 증기에 찌거나 오븐에 구우면 향미성분이 더 많이 남아있게 된다.

(1) 백합과 채소

백합과 채소는 마늘, 파, 양파, 부추, 달래 등으로 황화합물을 함유하고 있다. 마늘에 함유되어 있는 알린(allin, S-ally-L-cysteine sulfoxide)은 냄새를 내는 물질의 전구체로 마늘을 썰거나 다져 조직이 파괴될 때 유출되는 알린의 분해효소인 알리나아제(allinase)에 의해 알리신으로 전환된다. 알리신은 마늘의 주요 매운맛 성분으로 불쾌한 냄새는 없으나 대단히 불안정한 화합물로 곧 분해되어 강한 냄새를 지닌 디알릴 디설파이드(diallyl disulfide)를 형성한다.

따라서 마늘을 양념으로 사용할 경우 바로 다진 마늘을 사용해야 하고, 가열하면 휘발되어 그 향미성분이 약해지므로 끓이는 음식에 양념으로 마늘을 넣을 때는 불에서 내려놓기 직전에 넣어야 마늘 특유의 향을 살릴 수 있다.

마늘의 알리신은 돼지고기의 티아민과 결합하면 알리티아민(allithiamin)을 형성하여 티아민의 흡수를 증가시키므로 돼지고기와 함께 마늘을 먹으면 좋다.

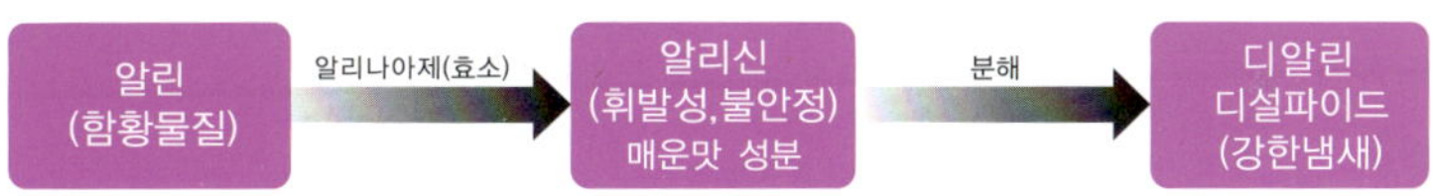

그림 9-3 알린의 분해과정

양파를 썰때 눈을 자극하여 눈물을 나게 하는 최루 성분은 휘발성이고 물에 잘 용해되므로 양파에 물을 많이 넣고 장시간 가열하면 냄새가 거의 나지 않는다.

톡톡 정보

• 눈물 없이 양파를 써는 방법

콧구멍을 휴지로 막는다.

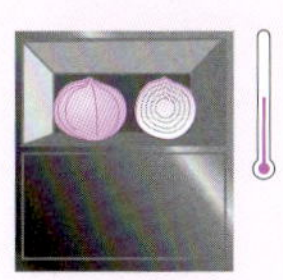

냉동실에 잠깐 동안 넣어 온도를 낮춘다.

물에 담가두거나 여러 번 헹구어 준다.

(2) 십자화과 채소

배추 · 양배추 · 무 · 갓 · 브로콜리 등의 십자화과 채소와 겨자, 와사비 등의 가공품에는 황화합물이 함유되어 있다.

배추에는 시니그린이라는 알릴이소티오시아네이트(allylisothiocyanate)의 배당체인 황화합물이 함유되어 있는데 이 상태에서는 매운맛이 나지 않는다. 그러나 배추를 칼로 썰면 미로시나아제(myrosinase)의 효소작용에 의해 당과의 결합이 끊어져 독특한 향기와 매운맛을 나타내는 겨자유가 생성된다. 또한 배추류를 가열 조리하면 겨자유가 분해되어 디메틸 디설파이드(dimethyl disulfide)와 황화수소(H_2S) 등이 생성되어 강한 불쾌취를 생성하므로 단시간 가열하는 것이 좋다.

흑겨자도 시니그린을 함유하고 있어 그 자체로는 향미가 나지 않으나 미로시나제의 최적온도인 30~40℃의 따뜻한 물로 개어주면 알릴이소티오시아네이트가 생성되어 강한 매운맛을 낼 수 있다.

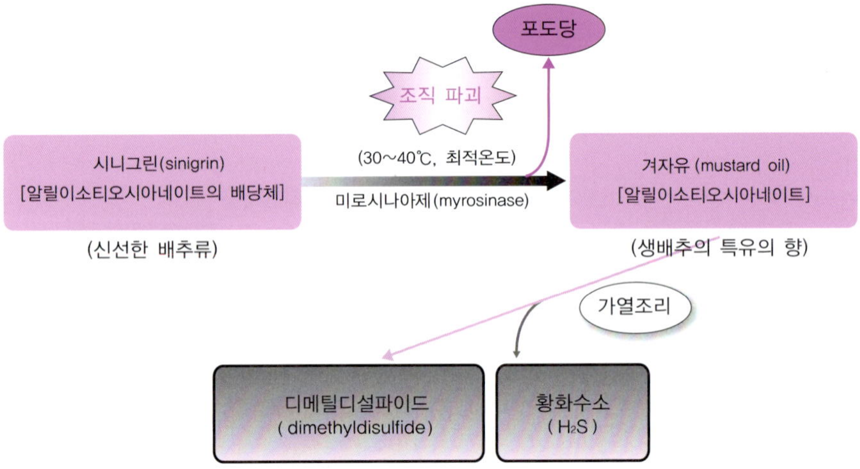

그림 9-4 배추류의 냄새 성분의 생성

3. 채소의 조리 시 질감 변화

(1) 삼투압

채소는 수분이 많아서 농도가 높은 조미액에 넣으면 삼투압에 의해 세포 내의 수분이 유출되어 조직이 단단해지거나 질겨진다.

(2) 가열

채소를 가열하면 확산에 의해 수분이 이동하여 세포 내의 용질이 조리수에 유출되어 부피가 감소되고 시들시들해진다. 그러므로 채소류는 되도록 단시간에 가열하는 것이 좋다.

(3) 산 · 알칼리

채소를 데칠 때 조리수에 알칼리인 중조를 넣고 데치면 색이 선명하게 유지되고 섬유소를 분해하여 질감을 부드럽게 한다. 그러나 다량 첨가시에는 섬유소가 파괴되어 조직이 물러진다. 반면에 산을 첨가하면 질감이 단단해지므로 연근에 식초를 넣고 끓이면 아삭아삭해진다. 그러나 장시간 가열하면 씹는 맛이 좋지 않게 된다.

(4) 금속이온

채소의 펙틴 물질은 조리과정에서 용해되어 부드러워지는데 칼슘이온이나 마그네슘이온이 포함된 조리수에 채소를 데치는 경우 채소의 질감이 연해지지 않는다. 이는 채소의 펙틴 물질이 금속이온과 결합하여 불용성 염을 형성하여 조직을 단단하게 하기 때문이다. 그러므로 경수에 채소를 조리하면 연수를 사용할 때보다 섬유소가 잘 연해지지 않는다. 또한 토마토 통조림의 가공과정에서 소량의 칼슘을 첨가하면 토마토의 질감이 단단해진다.

(5) 효소적 갈변

연근, 우엉 등의 근채류는 대부분 폴리페놀 성분을 함유하고 있어 껍질을 벗기면 폴리페놀옥시다아제(polyphenol oxidase)에 의해 산화되어 효소적 갈변이 일어난다. 따라서 백색 채소는 갈변을 방지하기 위하여 산소의 접촉을 차단하거나 효소를 불활성화 시킨다. 예를 들어 우엉이나 연근은 껍질을 벗긴 후 식초를 첨가한 물에 담그면 변색을 방지할 수 있다.

대부분 폴리페놀라아제 효소들의 최적 온도는 30~50℃로 가열 조리 시 효소의 최적 온도보다 온도가 더 높아 효소의 활성이 정지되므로 어느 정도는 갈변을 방지할 수 있다. 또한 효소의 활성은 pH에 의해 큰 영향을 받으므로 효소의 최적 pH 범위를 벗어나게 되면 변색을 방지할 수 있다. 효소에 따라 약간의 차이가 있으나 보통 pH 2.5~2.7에서 폴리페놀라아제(polyphenolase)의 활성은 완전히 정지된다.

(6) 팽압

팽압(Turgor pressure)은 세포막이 세포벽에 가하는 압력으로 식물의 체제를 유지하는 역할을 하며, 팽압이 영(0)이 되면 식물이 시든 상태가 된다. 팽압에 의해 내부에서 외부로 세포벽이 늘어나면 세포벽은 세포가 살아 있는 한 세포 내부로 다시 되돌아가게 하는 압력이 생기는데, 세포는 내용물이 감소하면 시들시들해지고 내용물의 양이 증가하면 단단해진다. 예를 들어 양상추를 물에 담가 두면 삼투압 현상에 의해 물이 세포 내로 흡수되는 침투 현상이 일어나서 세포 내의 압력이 같아질 때까지 세포는 팽윤되어 압력이 증가하므로 아삭아삭한 질감이 된다.

4. 채소의 맛 성분의 변화

채소는 종류에 따라 알칼리성 물질이나 수산, 알칼로이드(alkaloid) 화합물, 옥살산, 호모겐티신산(homegentisic acid) 및 탄닌 물질 등을 함유하고 있어 아린 맛, 쓴맛, 떫은 맛을 가지고 있다. 이 맛들은 소량의 경우에는 채소의 풍미를 향상시키나 다량 존재할 경우에는 음식의 맛에 좋지 않은 영향을 준다.

죽순, 고사리, 우엉의 아린 맛은 호모겐티신산에 의한 것으로 수산화칼슘이 다량 존재하여 아린 맛을 더 강화시킨다. 일반적으로 아린 맛이 강한 식품은 수산 함량이 높은 것이 많은데, 잘 우려내거나 쌀뜨물을 넣고 삶아 전분 성분이 나쁜 맛을 흡착하게 하여 제거한다.

그림 9-5 채소의 아린맛과 쓴맛 및 떫은맛 제거법

오이와 가지의 쓴맛은 껍질을 벗기면 제거할 수 있고 껍질 안쪽의 쓴맛은 조리하기 전에 소금을 뿌려 두면 삼투압에 의해 쓴맛 성분이 빠져나와 표면에 작은 물방울이 생기게 되는데 이를 제거한 후 사용한다.

배추, 시금치, 쑥갓, 양배추 같은 채소들은 데친 후 냉수로 신속히 헹구어 주면 쓰고 떫은맛이 제거된다.

도라지나 더덕 등의 쓴맛을 제거하기 위해서는 소금에 비벼 물에 우려내고, 씀바귀나 물쑥 등의 질긴 채소는 물에 한 번 데쳐 연하게 한 후 물에 담가 쓴맛을 제거한다.

마늘, 양파, 파 등은 백합과에 속하는 채소로서 매운맛을 가지고 있는데 가열하면 마늘과 양파의 매운맛 성분인 시스테인이 단맛으로 변한다. 또한 배추와 무는 겨자과 채소로 무를 조리할 때는 가열에 의해 매운맛 성분을 휘발시킨 후 조리하는 것이 좋고 뭇국을 끓일 때는 무를 볶아서 끓이면 조직이 부드러워지고 단맛이 생성된다.

표 9-3 채소류의 맛 성분

맛	식 품	성 분
매운맛	고추	캡사이신
	양파	프로필 알릴 디설파이드
	흑겨자	알릴이소티오시아네이트
쓴맛	오이꼭지	쿠쿠르비타신(cucurbitacin)
	양파껍질	케르세틴(quercetin)
	쑥	투존(thujone)
떫은맛	가지	클로로겐산
아린맛	죽순, 토란, 우엉	호모겐티신산

5. 채소의 영양성분의 변화

채소의 당, 비타민 B군과 비타민 C, 무기질 등은 조리하는 동안 조리수에 용해되어 손실될 뿐만 아니라 가열에 의해서도 파괴되는데 가열시간이 길수록, 조리수의 양이 많을수록, 채소의 표면적이 클수록 심해진다.

특히 비타민 C는 수용성 성분으로 삶거나 데치면 조리수에 용출되므로 조리수를 이용하면 좋다. 채소는 수분 함량이 많으므로 고온 단시간 가열하여야 수분이 유출되는 것을 방지할 수 있으며, 비타민 C의 손실을 줄일 수 있다. 볶음이나 튀김은 단시간 가열하므로 비타민 C의 손실도 적을 뿐 아니라 지용성인 카로틴의 흡수를 좋게 한다.

Section 3 채소의 조리 및 이용

1. 김치

김치는 주재료인 배추를 소금에 절여 부재료인 고춧가루, 마늘, 생강, 파, 무 등의 여러 가지 양념류를 혼합하여 저온 저장하여 숙성시켜 만든 발효식품이다.

(1) 조리과정 및 숙성

김치를 담그기 전 배추를 소금으로 절이는 과정은 저농도에서 고농도로 수분이 이동하는 삼투압 원리를 이용한 것으로 10~15% 소금물에 절이는 것이 적당하다. 절인 배추는 물로 씻어 사용하는데 이때 염도는 약 3% 정도가 좋다. 소금의 농도가 3% 이상이면 김치가 숙성이 잘 되지 않고 색과 맛이 나빠지며 반대로 3% 이하인 경우에는 김치의 색은 좋으나 쉽게 물러진다.

배추 절임에 좋은 소금은 정제염보다 호렴이 좋은데 호렴에는 마그네슘이나 칼슘이 함유되어 있어 펙틴질과 결합하여 채소의 조직을 단단하게 하기 때문이다.

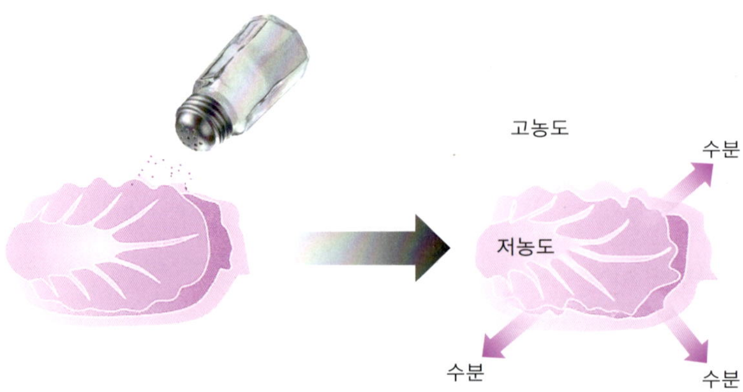

그림 9-6 세포 내외의 수분이동

김치는 혐기적인 상태로 숙성시켜야 하므로 용기에 담을 때 차곡차곡 눌러 담아 공기를 제거한다.

김치의 숙성과정은 탄수화물과 단백질 등이 효소에 의해 분해되고 미생물에 의해 발효되는 과정으로 김치의 숙성에 영향을 미치는 요인은 소금의 농도와 온도이며, 5℃에서 20일 정도 숙성시켰을 때 맛과 영양이 가장 우수하다.

일반적으로 저장온도가 낮을 때 숙성 및 발효속도가 느리며 온도가 높아질수록 숙성 및 발효속도가 빠르다. 그러나 저온일수록 숙성은 느리지만 맛은 좋아진다.

(2) 숙성 중의 맛 성분 변화

김치는 숙성 중 생성되는 유기산, 이산화탄소, 알코올류, 유리아미노산에 의해 김치의 맛을 내게 되는데 숙성 시 생성되는 대표적인 유기산은 젖산이며 이외에도 호박산, 사과산, 초산, 구연산, 주석산 등이 있다. 김치는 숙성 중 유기산에 의해 pH가 감소되고, pH가 4.3일 때 가장 맛이 좋다. 또한 김치에 넣는 젓갈도 각종 유리아미노산을 생성하여 김치의 맛을 좋게 한다.

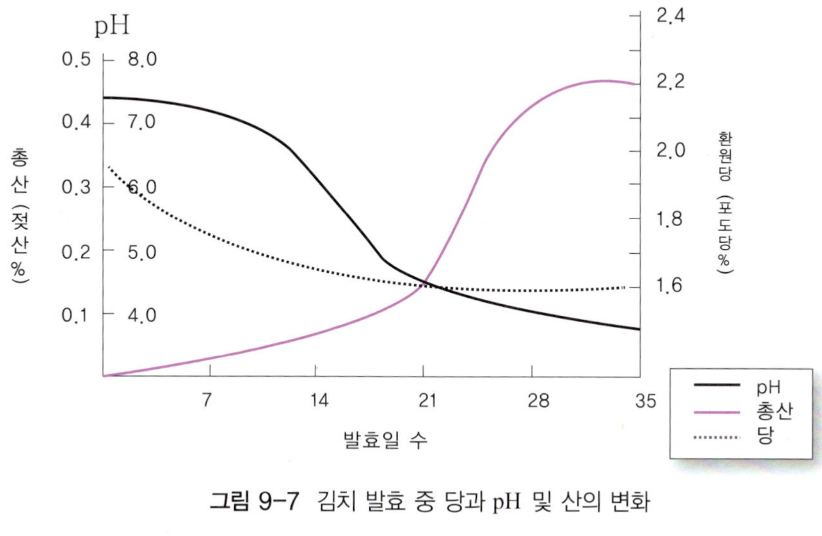

그림 9-7 김치 발효 중 당과 pH 및 산의 변화

(3) 영양성분의 변화

김치의 영양성분 중 가장 중요한 것은 비타민 C로 발효초기에 비타민 C 함량은 감소하지만 곧 증가하여 김치가 가장 맛이 있을 때 비타민 C의 함량 역시 최대로 증가하다가 이 시기가 지나면 다시 감소한다.

비타민 C 함량이 증가하는 이유는 배추 속에 함유되었던 포도당과 갈락투론산(galacturonic acid)으로부터 비타민 C가 생합성되었기 때문이다.

(5) 숙성 중 일어나는 바람직하지 않은 현상

① 산패현상

김치의 발효 중 젖산균에 의한 유기산의 생성으로 서서히 pH가 낮아지는데 이것이 지나치게 되면 일종의 과숙현상으로 산패현상이 발생한다. 따라서 산패를 억제하기 위해서는 저장방법을 통해 젖산균의 발육을 조절해야 한다.

② 연부현상

김치가 공기와 접촉하면 호기성 미생물에 의해 분비되는 효소로 인해 식물 세포 간의 펙틴질이 분해되어 김치가 물러지는 연부현상이 일어난다. 연부현상을 방지하기 위해서는 돌로 눌러 공기와 접촉을 차단하여 호기성 미생물의 작용을 억제한다.

2. 생 채

생채는 신선한 채소를 가열하지 않고 생으로 초장, 초고추장 또는 겨자장 등을 사용하여 새콤하게 무쳐 먹는 것으로 도라지생채, 오이생채, 무생채, 더덕생채, 겨자채 등이 있다. 채소에 초장, 초고추장 또는 겨자장을 넣으면 생채는 간이 되어 맛은 증가되지만 세포액의 수분과 무기성분이 유출된다. 따라서 생채는 미리 무쳐 놓으면 색이 변하고 맛이 싱거워지며 국물이 많이 생기므로 먹기 직전에 무치는 것이 좋다.

3. 채소 볶음

채소를 볶을 때는 조리도구 용적의 절반 정도 양의 채소를 넣고 볶는다. 많은 양의 채소를 볶을 경우에는 한 번에 볶지 말고 나누어 볶아야 물기가 빠져 나오지 않아 맛있는 채소 볶음을 만들 수 있다. 팬의 표면적이 클수록 채소를 펼칠 수 있는 부위가 넓어져 물기가 나올 시간 없이 빨리 익게 된다.

오이와 호박을 볶을 때에는 재빨리 볶은 후 펼쳐서 식히면 휘발성 유기산이 휘발되어 변색되지 않는다.

Section 4 채소의 보관 및 저장

대부분의 채소는 성숙함에 따라 수분은 적어지고 섬유질이 많아져 질겨지기 때문에 채소는 약간 미성숙할 때 수확하여 숙성적기에 먹는 것이 좋다. 일반적으로 채소는 생산지 근처에서 제철에 생산된 것이 가장 품질이 좋다.

1. 채소의 보관

채소는 수확 후에도 호흡은 계속되어 외관, 조직, 향미, 비타민 함량에 변화가 생긴다. 또한 수분이 감소하므로 분무기로 물을 뿌려주거나 식용의 코팅 처리를 하여 85~90%의 수분을 유지해 주어야 한다. 채소의 수분 보유를 위해 작은 구멍이 뚫린 플라스틱 백에 보관하여 호흡이 가능하도록 하거나 종이타월에 싸서 탈수에 의한 손상을 막도록 한다.

수분을 흠뻑 흡수하여 성장하는 시금치 등의 잎을 먹는 엽채류나 브로콜리, 컬리플라워 등 꽃부분을 먹는 화채류는 보관 시 수분이 증발되지 않도록 젖은 종이로 싸거나 비닐 팩 등에 넣어 밭에 있던 그대로 세워서 보관해야 한다. 흙 속에서 자란 근채류나 줄기를 먹는 경채류는 잎채소와는 달리 물에 닿으면 썩기 때문에 서늘한 장소에 종이 등으로 싸서 건조시켜 보관한다.

표 9-4 채소의 보관방법

채소 종류	보관방법
시금치, 브로콜리, 컬리플라워	젖은 종이에 싸서 보관하고 장기간 보관할 경우에는 씻어서 데친 후 냉동 보관한다.
버섯	플라스틱 용기에 버섯 갓 뒷면을 위로 하여 물에 젖은 키친 타월을 덮어 보관한다.
쑥	쑥은 이른 봄부터 초여름까지 생산되므로 살짝 데친 후에 꼭 짜서 냉동 보관한다.
단호박, 양배추	양상추나 양배추는 심을 도려내고 그 부분에 물에 젖은 종이를 넣은 후 젖은 종이에 싸서 자른 부분을 아래로 하여 냉장 보관한다.
셀러리, 파슬리	경채류의 경우 위를 향하는 성질이 있어 뉘어 놓으면 에너지를 빨리 소모하여 노화되기 쉬우므로 세워서 냉장 보관한다.
파	녹색과 흰색 두 부분으로 나누어 녹색부분은 종이에 싸고 흰색 부분은 비닐봉지에 넣어 냉장 보관한다.
양파	양파는 겹쳐 보관하면 호흡에 의해 습기가 쌓이고 상처가 생기므로 망에 넣어 통풍이 잘 되는 서늘한 곳에 걸어 보관한다.
당근	흙당근은 종이에 싸서 통풍이 잘 되는 서늘한 곳에 세워 보관한다. 세척당근은 쉽게 산화해서 오래가지 못하므로 젖은 종이나 랩으로 싸서 냉장 보관한다.
오이	오이는 종이에 싸서 냉장하면 일주일 이상 보관 가능하다.
무	무의 잎은 무의 영양분을 흡수해 구멍이 나므로 잎을 떼어낸 후 세워 보관한다.

2. 채소의 저장

(1) 냉장

채소는 수확 후 호흡률이 높으면 숙성이 빠르게 진행되고 부패되어 신선도가 떨어지게 된다. 따라서 냉장 저장에 의해 호흡률을 감소시키면 신선한 상태를 3일 정도 연장할 수 있다. 냉장저장 시 채소의 건조를 방지하기 위해서는 구멍을 낸 비닐에 넣어 보관하는 것이 좋다.

채소에 따라 적정 보관온도가 다른데 마늘, 우엉, 양파 등은 적정 보관온도가 5℃ 이상으로 냉장보관하지 말고 바람이 잘 통하고 햇볕이 닿지 않는 곳에 보관하는 것이 좋다. 또한 생강의 보관적정 온도는 14℃로 냉장고에 보관하면 거무스름해지므로 이런 채소는 종이에 싸서 서늘한 곳에 보관하는 것이 바람직하다.

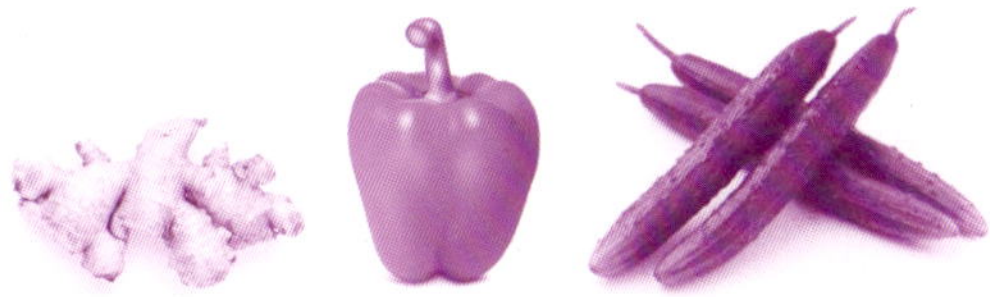

10℃ 이상이 적정 보관 온도인 채소들

생강(13~15℃), 단호박(10~13℃), 오이(10~13℃), 피망(10℃), 가지(10℃)

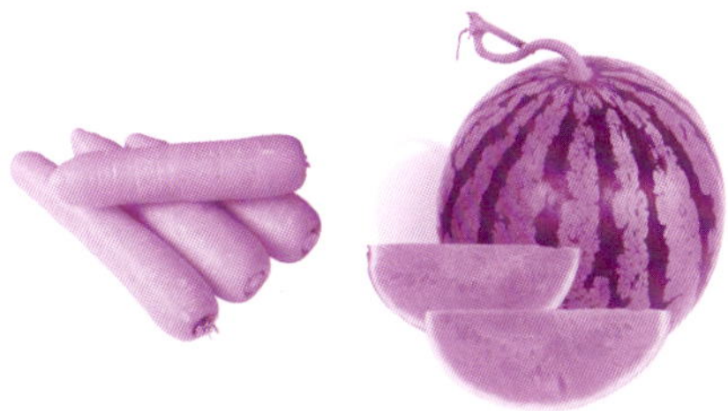

0~5℃ 냉장 보관 채소들

수박(2~4℃), 당근, 무, 아스파라거스, 배추, 셀러리, 양상추, 양배추, 시금치, 딸기, 브로콜리, 컬리플라워, 부추, 파슬리

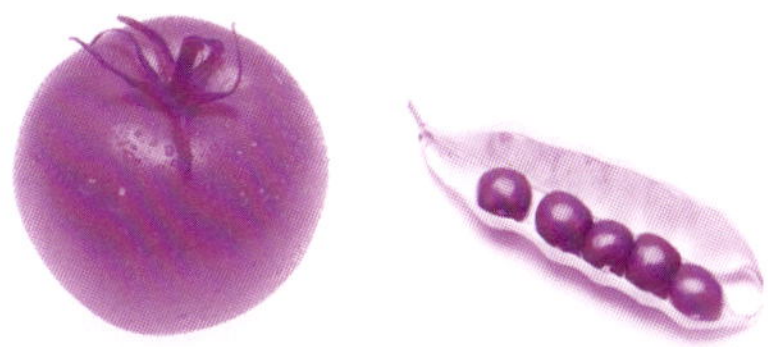

5~10℃ 적정 보관 온도인 채소들

토마토, 토란(7~8℃), 강낭콩(8℃), 머위(7℃)

그림 9-8 채소별 적정 보관 온도

(2) 가스 저장(CA저장)

채소의 유통기간을 연장하기 위해서는 식물의 종류에 따라 표면에 왁스코팅을 하거나 탄산가스의 조성비율을 높이고 산소를 낮추는 가스 저장을 하기도 한다.

CA저장을 하면 채소의 호흡작용이 억제되어 숙성과 노화가 지연되고, 미생물의 생장과 번식을 억제하여 품질과 선도가 유지되면서 장기간 저장이 가능해진다.

(3) 건조

과채류는 채소 중 수분함량이 가장 낮으므로 주로 건조하여 저장식품으로 사용한다. 특히 호박은 건조시켜 호박고지를 만들면 질감, 향, 맛, 색이 변화되면서 독특한 질감과 맛을 갖게 된다.

(4) 냉동

신선한 채소는 데치거나 냉동시키지 않는데 채소는 수분 함량이 많으므로 냉동시 세포막이 파괴되어 조직이 손상되고, 어떤 효소는 바람직하지 않은 갈변화를 일으켜서 품질을 저하시키기 때문이다. 채소를 냉동 저장할 경우 냉동저장 동안 산화를 방지하기 위하여 데쳐서 보관하는 것이 좋으며 냉동채소는 신선한 채소보다 조리시간이 짧다.

냉동한 채소를 해동하여 이용하면 수분을 조직 내에 더 많이 보유하게 되므로 질감이나 향미가 더 좋아지지만 해동 후 비타민 C 함량은 급격히 감소하게 된다.

Chapter 10

해조류 및 한천

[해조류]

해조류는 바닷속에서 모래나 바위에 붙어서 뿌리를 내리고 엽록소에 의해 영양소를 합성하여 살아가는 하등식물로 비타민, 무기질이 풍부하고, 독특한 맛과 향이 있어 기호식품으로 가치가 있다. 해조류는 식용 이외에 한천, 알긴산(alginic acid), 카라기난(carrageenan) 등의 공업 원료로 사용되며 사료용 · 비료용으로 다양하게 이용된다.

Section 1 해조류의 성분

해조류의 영양 성분은 지질의 함량은 낮은 반면, 비타민과 무기질이 풍부하며, 특히 요오드와 비타민 A의 함량이 높다.

(1) 탄수화물

해조류는 수분 다음으로 탄수화물을 많이 함유하고 있는데 당질과 식이섬유 형태로 25~60% 정도 함유하고 있다. 해조류의 당질은 대부분 비소화성 복합 다당류로 에너지원으로는 가치가 없지만 식이섬유소를 가지고 있어 포만감을 주고 변비를 예방한다.

해조류에는 만니톨(mannitol), 소르비톨(solbitol) 등의 당알코올이 존재하여 약간의 단맛을 낸다. 녹조류에는 헤미셀룰로오스가 풍부하고 갈조류는 알긴산

(alginic acid), 푸코이딘(fucoidin), 라미나린(laminarin)이 풍부하며 홍조류는 한천, 만난(mannan)이 풍부하다.

(2) 단백질

해조류는 20~30% 정도의 단백질을 함유하고 있으며 메티오닌(methionine), 이소류신(isoleucine), 리신(lysine)을 제외한 필수아미노산을 다량 함유하고 있다. 또한 유리 아미노산 함량도 높아 좋은 맛을 낸다. 김의 구수한 맛은 글리신에 의한 것이고 다시마에는 글루탐산이 많아 감칠맛을 낸다.

(3) 지질

해조류는 지질이 2% 미만으로 소량 함유되어 있어 다이어트에 좋은 식품이다.

(4) 비타민과 무기질

해조류는 비타민 A가 풍부하며 비타민 B군과 C를 다량 함유하고 있다. 또한 해조류는 무기질이 풍부한 알칼리성 식품으로 요오드, 칼륨, 구리, 아연 등이 다량 함유되어 있다.

Section 2 해조류의 분류 및 종류

해조류는 서식하는 바다 깊이와 색에 따라 클로로필의 녹색소를 가진 녹조류, 황색의 카로티노이드 색소를 가진 갈조류, 적색의 피코빌린(phycobilin) 색소를 가진 홍조류로 분류된다. 녹조류는 얕은 바다에서 서식하며, 갈조류와 홍조류 순으로 깊은 곳에 서식한다.

녹조류에는 파래, 청각, 매생이 등이 있고, 갈조류에는 톳, 미역, 다시마 등이 속하며, 홍조류에는 김, 우뭇가사리 등이 있다.

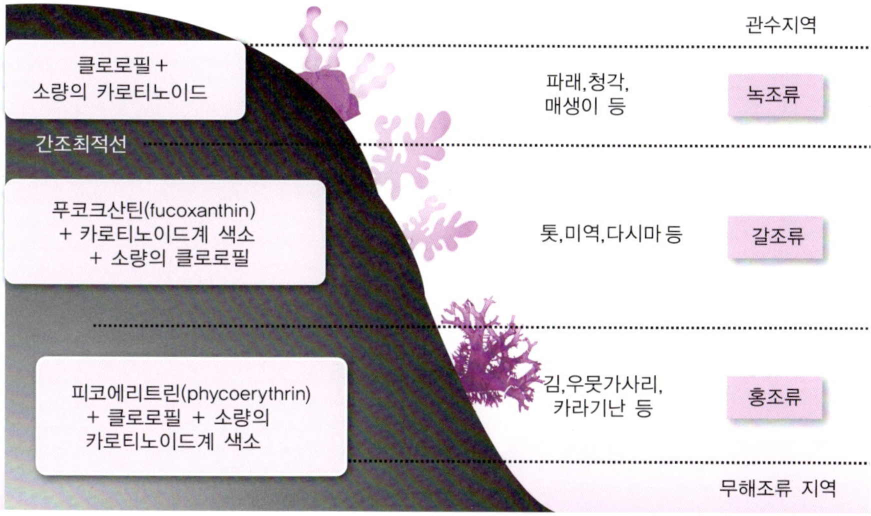

그림 10-1 해조류의 분류

(1) 녹조류

녹조류는 해수면의 가장 가까운 곳에 서식하는 조류로서 클로로필을 함유하고 있어 광합성에 의해 녹색을 나타낸다. 녹조류의 종류로는 파래, 청각, 매생이, 클로렐라 등이 있다.

① 파래

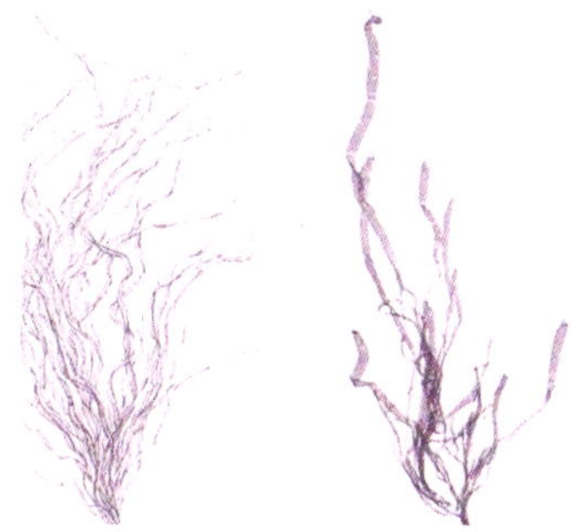

파래는 종류에 따라 생육시기가 다르지만 보통 늦가을부터 초여름까지 번성하며, 양식용 김발에도 잘 착생하여 시중에서 판매하는 파래김의 주원료가 된다. 파래는 디메틸 설파이드(Dimethyl sulfide)에 의해 특유의 향을 내며 철, 칼륨, 비타민 C 등을 많이 함유하고 있는 무기질 식품이다. 그러나 필수 아미노산인 메티오닌, 리신 등이 들어있지 않아 영양가는 낮다. 파래는 겨울이 제철식품으로 바다냄새가 나며 잡티나 불순물이 없고 진한 초록색이 나는 것이 신선한 것이다. 주로 초무침으로 이용하며 마른 파래는 먼지를 털어내고 잡티를 고른 후 김처럼 먹거나 볶아서 밑반찬으로 이용한다.

② 청각

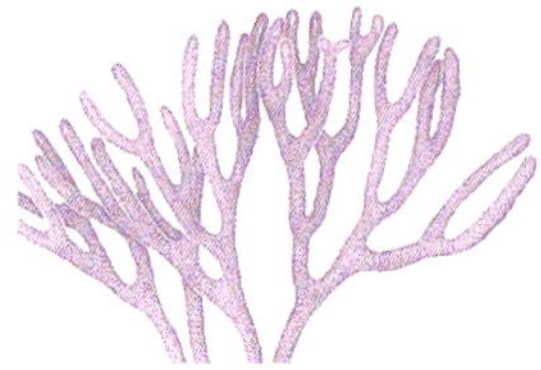

청각은 사슴뿔 모양으로 자라며 김치에 주로 이용되는데 김치를 담글 때 넣으면 젓갈이나 생선의 비린내, 마늘 냄새를 중화시켜 뒷맛을 개운하게 한다. 물김치에 넣어 시원하게 먹거나 나물처럼 무쳐 식용한다.

③ 매생이

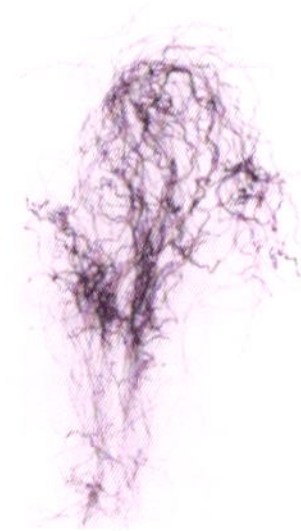

매생이는 파래와 유사하나 파래보다 가늘고 부드러우며 겨울철에 주로 채취된다. 매생이는 청정 지역에 서식하며 주로 남도지방에서 식용한다. 철과 칼륨을 많이 함유하고 있으며 특유의 향과 맛을 지니고 있다. 굴과 함께 넣고 끓이거나 칼국수 등에 이용된다.

(2) 갈조류

갈조류에는 카로티노이드인 β-카로틴과 푸코잔틴(fucoxanthin) 등의 색소가 함유되어 있어 갈색을 나타낸다. 갈조류에 함유되어 있는 리신의 유도체인 라미닌(laminine)은 혈압을 낮추는 역할을 하며, 알긴산은 변비를 예방하는 데 효과가 있다. 갈조류의 종류로는 미역, 다시마, 톳 등이 있다.

① 미역

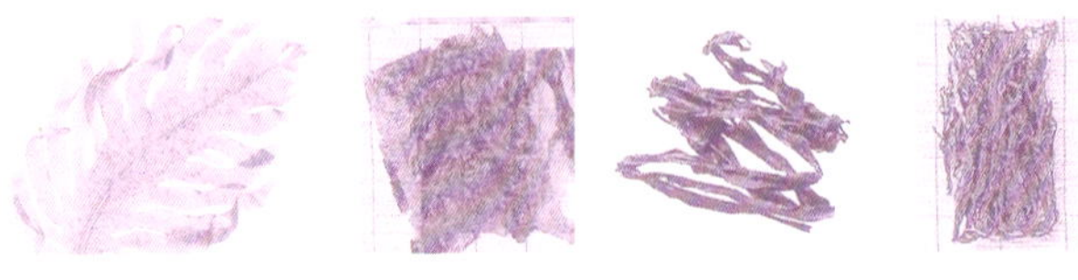

미역은 우리나라에서 가장 많이 생산되고 있는 해조류의 하나로 대부분 양식으로 생산되고 있다. 긴미역은 필요한 만큼 잘라 물에 불려 씻어 사용하고, 염장미역은 물에 씻어 염분을 제거한 후 사용하며 실미역은 그대로 조리에 사용한다.

건조미역을 사용할 경우에는 물에 담가 불려서 사용하는데, 물이 흡수되면 부피가 약 5배 정도 증가하므로 사용량에 주의해야 한다. 그리고 다량의 물에 빨리 씻어 사용하여야 흐물흐물해지지 않는다. 물미역은 초무침, 냉채, 샐러드 등으로 이용하고, 염장미역은 소금기를 제거한 후 쌈밥이나 샐러드 등으로 이용한다.

미역은 김이나 파래와 같이 비타민 A가 풍부하며 요오드, 칼슘, 철을 다량 함유하고 있다. 미역에는 알긴산이 많이 함유되어 있어 포만감을 주고 배변을 원활하게 하여 변비를 예방하는 효과가 있다. 또한 알긴산(alginic acid)은 노폐물을 원활하게 배출시키고 피를 맑게 하며 혈액순환을 원활하게 하는 역할을 하므로 산모에게 좋다.

미역에 다량 함유되어 있는 요오드는 젖의 분비를 촉진하는 역할을 한다.
생미역은 검은색인데 85~100℃의 뜨거운 물에 데치면 녹색으로 변하게 된다. 이는 미역 속의 클로로필과 결합되어 있는 지단백질이 변성되어 클로로필의 녹색이 표면화되었기 때문이다.

톡톡 정보

• 미역국에는 왜 파를 넣지 않을까?

우리나라의 대부분의 국과 양념에는 파가 들어가는데 미역국에는 예외적으로 파를 넣는 것을 피해야 한다. 왜냐하면 파의 인과 황 성분이 미역의 칼슘과 결합하여 흡수를 방해하기 때문이다.

② 다시마

다시마는 대부분 건조시켜 이용하는데 건조 다시마 표면의 흰 분말은 만니톨(mannitol)이라는 물질로 설탕이 갖는 단맛의 60%를 낸다. 따라서 다시마는 물로 씻지 말고 마른 행주로 먼지만 제거한 후 사용한다. 다시마는 맛 성분인 글루탐산(glutamic acid)이 풍부하고, 알라닌과 아스파라긴산(asparaginic acid) 등도 다량 함유하고 있어 국물 맛을 내는 데 많이 사용된다.

다시마를 이용하여 국물을 우려낼 때는 처음부터 다시마를 넣고 끓이다가 끓기 시작하면 건져내야 나쁜맛이 우러나지 않는다. 또한 다시마를 끓는 물에 오래 두면 향미가 사라지고 맛이 변할 수 있으므로 주의해야 한다.

다시마의 영양성분은 미역과 유사하여 요오드의 함량이 매우 높다. 다시마는 튀각이나 국물내기용으로 많이 사용하고, 색이 붉게 변한 것이나 잔주름이 간 것은 좋지 않으며, 색이 검고 두꺼운 것이 좋다.

③ 톳

톳은 봄에서 초여름이 제철로 이 시기의 톳이 가장 연하고 맛이 좋다. 톳은 칼슘, 칼륨, 인, 철 등의 무기질이 다량 함유되어 있는 알칼리성 식품이다. 날로 먹으면 비린 맛이 있으므로 데친 후 나물로 볶아서 먹거나 무침, 샐러드, 냉국 등으로 이용한다.

(3) 홍조류

홍조류는 피코에리트린(phycoerythrin) 등의 색소를 함유하여 적색을 나타내며 소량의 피코시안(phycocyan), 클로로필과 카로티노이드를 함유하고 있다. 홍조류에는 김과 우뭇가사리 등이 있다.

① 김

김은 수요가 많아 대부분 양식으로 생산되며 겨울에 생산되는 김이 맛도 좋고 단백질 함량도 많아 가장 품질이 좋다. 김은 단백질과 탄수화물이 풍부한 식품으로 김의 단백질 함량은 약 38%로 필수 아미노산을 고루 함유하고 있으며, 특히 타우린(taurine)의 함량이 많다. 또한 비타민 A, 비타민 B_2, 비타민 C 등의 비타민 함량이 높으며 칼슘, 철, 칼륨 등의 무기질이 풍부한 알칼리성 식품이다.

김의 종류로는 재래김, 돌김, 파래김 등이 있는데 재래김은 구멍이 많지만 부드러운 맛이 있다. 돌김은 두껍고 거칠거칠하며 파래김은 연녹색을 띠며 얇다.

한편, 김을 구우면 독특한 맛과 향을 느낄 수 있는데, 이는 가열에 의해 김의 세포가 파괴되어 세포 내에 있던 지미성분과 가열에 의해 생성된 향미성분이 주위의 수분을 흡수하는 동시에 용출되기 쉬운 상태로 변하기 때문이다. 또한 김을 구울 때 녹색으로 변하는 것은 피코에리트린(phycoerythrin)이 탈수소화되어 청색의 피코시아닌(phycocyanin)으로 변했기 때문이다. 오래된 붉은 색의 김은 구워도 녹색으로 변하지 않는데 이는 광선과 공기가 접촉하여 크산토필(xanthophyll)이나 클로로필이 분해되었기 때문이다. 김의 감칠맛 성분은 글리신(glycine)에 의한 것이며, 냄새는 주로 디메틸설파이드에 의해 생긴다.

김은 검은색으로 윤기가 나는 것이 좋은 김이다. 김은 습기가 많으면 클로로필이 분해되고, 피코빌린(phycobilin) 색소가 많이 잔존하여 흑자색에서 흑갈색으로 변하며 향미도 나빠지므로 수분 함량이 5% 정도로 보관하는 것이 좋다. 또한 햇빛에 장시간 노출되면 피코에리트린의 함량이 높아 붉은색이 된다. 김은 보관 중 미생물, 효소, 광선, 수분, 산소, 온도 등에 의해 색과 질감이 변질될 수 있으므로 보관할 때는 충분히 건조시킨 후 밀봉하여 저온에서 1년 정도 보관하는 것이 바람직하다.

② 우뭇가사리

홍조류인 우뭇가사리를 물을 넣고 푹 삶아 다당류를 추출한 것이 한천으로 한천은 겔을 형성하는 특징이 있다. 한천은 설탕과 함께 가열하면 점성과 탄력성이 증가하여 후식에 주로 사용되며, 양갱이나 저열량 다이어트 식품으로도 사용된다.

톡톡 정보

• 카라기난(Carrageenan)
홍조류에서 추출한 다당류로서 갈락토오스가 주성분이며 아이스크림이나 푸딩에 안정제, 점증제 등으로 사용된다.

[한천]

한천은 홍조류인 우뭇가사리에서 추출한 복합 다당류를 동결건조한 것으로 각한천, 실한천, 분말한천이 있다.

한천을 미지근하거나 따뜻한 물에 용해시키면 졸 상태의 콜로이드 용액이 되고 이를 냉각하면 응고한다. 이런 한천의 성질을 이용하여 다른 식품과 같이 혼합하여 응고제로 사용하는데 식품을 응고시켜 질감을 좋게 한다. 한천의 주성분은 탄수화물이지만 체내에서 소화 · 흡수되지 않으므로 저열량식으로 많이 이용되고 있다.

Section 3 한천의 성분과 제조

한천은 홍조류인 우뭇가사리에서 추출한 다당류로 아밀로오스와 같은 직선상의 분자구조를 가진 아가로오스(agarose)와 아밀로펙틴과 같은 가지 구조를 가진 아가로펙틴(agaropectin)의 두 성분이 약 7:3으로 혼합되어 있다. 아가로오스는 겔화와 보수성이 크고 아가로펙틴은 겔 형성력은 약하나 점탄성이 높다.

한천은 홍조류인 우뭇가사리를 물에 넣고 끓여 추출액을 여과시켜 냉각한 후 얻어진 겔을 동결 건조하여 만든다. 이때 함유된 수분은 해동에 의해 제거되는데 냉동과 해동의 반복과정을 통해 수용성 불순물 등이 제거된다. 이렇게 탈수하여 건조시킨 것을 다양한 형태로 제조하거나 분말 형태로 만들어 사용한다.

Section 4 한천의 특성

1. 흡수 팽윤

한천은 물에 용해되지 않으나 보수성이 매우 좋아 침수하면 물을 흡수하여 팽윤된다. 한천의 흡수 팽윤은 한천의 종류, 침지시간, 물의 온도, pH 등과 관련이 있는데 굵은 한천은 팽윤되기 위한 침지시간이 길고 분말한천은 굵은 한천이나 가는 한천보다 팽윤이 잘 된다. 80% 정도의 물을 흡수하기 위해서는 분말한천은 침지 후 5~10분, 실한천은 1~2시간의 침지시간이 소요된다. 팽창도는 중성의 물에서 가장 높으며, 알칼리성, 산성 순으로 낮아진다.

2. 용해 응고

한천은 가열하면 용해되는데 이를 냉각하면 겔을 형성한다. 한천의 용해 온도는 80~100℃로 높으며, 농도가 높을수록 용해 온도가 높다. 한천의 농도가 낮을수록 빨리 용해되며 2% 이상이면 용해되기 어렵다.

한천은 보통 실온 이상인 28~35℃에서 응고되는데, 온도가 낮을수록 단단하고 빨리 굳는다. 그리고 68~84℃에서 융해되므로 겔이 형성된 후에는 여름에도 잘 용해되지 않는다. 한천의 겔 형성은 0.2~0.3%의 저농도에서도 이루어지므로 식품 중 가장 우수한 겔화제이다.

한천은 보통 0.2~1.5% 이상의 농도에서 겔을 형성하는데 겔의 강도는 젤라틴의 7~8배로 한천의 농도가 높을수록 응고시간이 빠르고 단단한 겔이 형성된다. 그러나 농도가 너무 높게 되면 단단하고 결이 갈라져 좋지 않다. 일반적으로 조리에 사용되는 한천의 농도는 0.5~1.0%이다.

표 10-1 한천농도에 따른 응고 · 융해 온도와 겔 강도

한천 농도(g/100mL)	응고시작온도(℃)	응고온도(℃)	융해온도(℃)	겔 강도($d^2yn°/cm^2$)
0.5	35~31	28	68	1.8×10^5
1.0	40~37	33	80	2.2×10^5
1.5	42~39	34	82	4.4×10^5
2.0	43~40	35	84	6.7×10^5

3. 이액현상

한천 젤리는 제조 후 시간이 지나면 표면에 수분이 흘러나오는데 이를 이수 현상(synersis)이라 한다. 이는 시간이 지남에 따라 겔 내부의 망상구조가 서서히 수축되어 망상구조 사이에 갇혀 있던 유리수가 빠져나오는 것으로 이를 방지하기 위해서는 한천과 설탕의 농도를 높이고, 가열시간을 길게 하며, 방치시간은 짧게 해야 한다. 이액현상은 한천 농도가 1% 이상이고, 설탕농도가 60% 이상이면 일어나지 않는다.

Section 5 조리 시 첨가물의 영향

1. 설탕

한천에 설탕을 첨가하면 점성과 탄성, 투명도가 증가하며 이액현상도 감소된

다. 한천의 농도가 일정할 경우 설탕의 농도가 높을수록 겔의 강도는 높아진다. 이는 겔 형성 시 망상구조 내의 수분이 설탕의 탈수 작용에 의해 제거되어 한천 분자 간의 결합을 촉진시키기 때문이다. 그러나 75% 이상의 설탕 첨가 시에는 겔의 망상구조 형성이 어려워 오히려 겔의 강도가 저하된다.

또한 설탕을 첨가하면 한천 용액의 응고 온도가 높아지는데 설탕농도가 높을수록 응고온도가 높아진다. 즉, 설탕을 첨가하지 않은 한천용액의 응고 온도는 약 33℃이고, 60%의 설탕을 첨가한 한천 용액의 응고 온도는 약 38℃로 설탕농도에 따라 응고 온도가 달라진다.

2. 산

한천은 알칼리성에서는 응고성이 높으나 산성에서는 약하게 응고하므로 과즙 첨가 시에는 한천용액을 가열하여 완전히 용해시킨 후 60℃ 정도로 냉각한 후에 과즙을 첨가하여야 한다.

3. 우 유

우유는 소량 첨가하는 경우에는 영향을 주지 않으나 많은 양을 첨가하면 우유의 지방과 단백질이 한천 겔의 망상구조 형성을 방해하여 겔의 강도를 저하시킨다. 그러나 우유와 결합하게 되면 이장량이 감소되어 안정된 겔을 형성한다.

4. 난 백

한천 겔에 거품 낸 난백을 첨가하면 난백 거품 비중이 낮아 위로 떠서 분리될 수 있으므로 난백에 설탕을 첨가하여 거품을 안정시켜 분리되는 것을 방지한다.

5. 기 타

팥앙금, 밤, 고구마 등을 첨가하여 양갱을 만들 때는 첨가물의 무게로 인해 가라앉을 수 있으므로 40℃ 정도에서 한천 겔이 응고되기 직전에 넣고 잘 저은 후 응고시켜야 한다.

Section 6 한천의 이용

한천은 겔 형성력이 우수하고 용해온도가 높아 겔 상태가 잘 유지되므로 과일 젤리와 양갱 등의 제조에 이용된다. 그리고 케이크에 장식하는 과일을 한천 젤리로 고정해 주면 투명감과 윤기를 주고 수분 증발을 방지하는 효과가 있다.

또한 한천은 알약의 코팅, 연고제의 원료, 아이스크림, 화장품을 제조할 때 색소나 첨가물이 침전되지 않도록 하는 안정제나 저열량 식품, 미생물 배양배지 등에 이용된다.

표 10-2 한천의 제조 및 이용 예

한천 이용 예	제조 및 이용
과일젤리	한천을 물에 담가 팽윤시킨 후 설탕을 넣고 가열 용해하여 60℃ 정도에서 일정량의 과즙을 넣어 냉각 응고시켜 만든다.
양갱	한천에 물을 넣고 불린 후 가열하여 용해시킨 후 설탕을 넣고 끓이다가 팥앙금을 넣고 다시 끓여 틀에 넣고 40℃를 유지하며 응고시킨다.
음식 및 반찬	여름에 콩국에 말아먹거나 우무채, 우무장아찌 등의 반찬으로 이용된다.
안정제	청량음료, 우유, 유제품, 빵이나 과자류 등의 안정제로 사용한다.
배양배지	의약품 원료나 미생물 배양의 한천 배양기로 이용한다.

톡톡 정보

- 곤약과 한천은 같은 것인가요?

한천(agar)은 우뭇가사리와 같은 해조류에서 추출되어 제조된 것으로 겔 형성 능력이 있어 응고제 역할을 하며 과일 젤리, 양갱 등에 사용한다.

곤약(elephant foot)은 구약감자라는 식물이 주원료로 전분을 이용하여 묵의 형태로 제조한다. 또한 곤약은 특유의 냄새가 있으나, 한천은 냄새가 없다.

Section 7 젤라틴과 한천의 특성 비교

젤라틴은 흡수성이 있어 물에 담그면 물을 흡수하여 팽윤하는데 중량의 6~10배에 해당하는 물을 흡수하며, 장시간 물에 담가두면 무한히 팽윤한다. 젤라틴을 용해할 때는 분해취가 발생하므로 직접 가열하지 말고 중탕으로 용해시키는 것이 좋다. 젤라틴은 35℃ 이상에서는 졸 상태의 콜로이드 용액이지만 35℃ 이하에서는 응고하여 겔 상태가 되는데 이러한 변화는 가역적 변화이다.

젤라틴은 단독으로는 식품으로써의 가치가 없으나 응고제로써 다른 식품과 함께 사용하면 질감을 좋게 해주는 역할을 한다. 젤라틴의 응고에 관여하는 조건은 다음 표와 같다.

표 10-3 젤라틴의 응고에 영향을 미치는 요인

종 류	특 성
온도	일반적으로 3~15℃에 응고되고 온도가 낮을수록 빨리 응고됨
농도	일반적으로 사용하는 농도는 2~10%이고 농도가 높을수록 빨리 응고됨
시간	온도와 농도에 따라 응고시간이 다르며, 온도가 낮을수록 빨리 응고됨
산	과일즙, 레몬즙, 토마토주스, 식초 등은 젤라틴 응고를 방해함 약산은 질감을 부드럽게 하지만 다량의 산을 사용시에는 응고를 방해하거나 응고되지 않음
염류	단단한 응고물을 형성함 우유에 사용할 경우 염류에 의해 응고작용을 함
설탕	겔의 강도를 감소시키고 설탕의 농도가 증가할수록 응고가 감소됨 설탕 첨가량은 20~25%가 적당함
효소	단백질 분해효소는 젤라틴을 분해하여 응고를 방해하므로 가열하여 사용해야 함

한천의 응고온도는 28~35℃로 비교적 높아 실온에서도 굳지만 젤라틴의 응고온도는 10℃ 이하로 낮아 냉장온도에서 응고시켜야 한다. 또한 한천의 용해온도는 68℃ 이상으로 기온이 높은 여름에도 녹지 않으나, 젤라틴은 25℃이므로 여름철 온도가 높아지면 용해된다.

젤라틴과 한천겔의 특성을 비교하면 아래의 표 10-4와 같다.

표 10-4 젤라틴 겔과 한천 겔의 특성 비교

특 성		젤라틴	한천
원료 및 성분		동물의 뼈나 연골 등의 콜라겐에서 추출한 동물성 단백질	홍조류인 우뭇가사리에서 추출한 식물성 다당류
용해온도(℃)		40~50	90~100
융해온도(℃)		25	68~84
겔화조건	농도(%)	3~4	0.2~1.5
	온도	10℃ 이하 냉장	28~35℃ 실온
	pH	산에 약간 약함	산에 약함
	기타	단백질 분해효소에 의해 분해	
겔 특성	투명도	투명함	투명감이 낮음
	질감	부드럽고 독특한 점성이 있음	점성이 없으며 갈라짐
	보수성	높음	이수가 쉬움
	열안정성	여름철 용해되기 쉬움	실온에서 용해되지 않음
	소화흡수	소화, 흡수 가능	소화, 흡수 불가능
이용 예		족편, 과일젤리, 무스, 아이스크림, 마시멜로	과일젤리, 양갱, 케이크 장식고정, 알약의 코팅, 미생물용 배지

Chapter 11

버섯류

버섯은 엽록체가 없어 독립 영양이 불가능하여 나무에 기생하는 균류로 특유의 향과 감칠맛이 있어 기호성이 높은 식품이다. 버섯은 비타민 D의 좋은 공급원이며 식이섬유가 풍부하고 저열량 식품이라는 점에서 그 수요가 점점 증가하고 있다.

Section 1 버섯류의 성분

버섯은 일반적으로 90% 정도의 수분과 6%의 당질, 1%의 섬유소, 2~3%의 단백질, 0.2~0.3% 정도의 지질을 함유하고 있다. 버섯에는 단백질과 지질 함량보다 당질 함량이 많으며, 비타민 D의 전구체인 에르고스테롤(ergosterol)이 있어 자외선에 의해 비타민 D_2로 된다.

또한 비타민 B_1, B_2, B_6도 많아 비타민 B군의 좋은 급원이나 비타민 A와 C는 거의 없다. 특히 비타민 C는 건버섯이나 통조림에는 거의 존재하지 않는다. 무기질은 칼륨이 가장 많고 다음으로 인이 많이 함유되어 있다.

버섯의 구수한 맛은 핵산 성분인 구아닐산(guanylic acid, GMP)과 유리아미노산인 글루탐산에 의한 것으로 강한 감칠맛을 낸다.

한편, 독버섯에는 무스카린(muscarine), 뉴린(neurine) 등의 독성분이 함유되어 있으므로 모르는 버섯은 식용하면 안 된다.

Section 2 버섯류의 종류와 이용

버섯의 종류는 수천 종에 이르며, 크게 식용버섯, 약용버섯, 독버섯으로 분류된다. 식용버섯은 약 100여 가지로 천연에서 얻는 천연버섯과 연중 재배가 가능하여 조리에 많이 이용되는 재배버섯으로 나눌 수 있다.

버섯은 맛뿐 아니라 향과 질감이 우수하므로 버섯을 조리할 때는 버섯의 특징을 살려 조리해야 한다. 버섯의 향을 즐기기 위해서는 구이를 하고, 맛이나 질감을 즐기려면 전골, 찌개, 국, 덮밥, 튀김, 볶음 등의 조리법을 이용한다.

1. 송이버섯(*Tricholoma Matsutake*)

살아있는 소나무의 뿌리에 기생하는 버섯으로 추석을 전후하여 생산된다. 글루탐산, 아스파르트산, 구아닐산(guanylic acid)이 함유되어 있어 감칠맛이 나며, 마츠다케올(matsudakeol)에 의해 좋은 향을 갖는다. 송이는 향이 진하고 색이 선명하며 갓의 피막이 터지지 않고 자루가 굵고 짧으면서 살이 두껍고 탄력성이 큰 것이 좋다.

송이버섯의 고유한 향을 보존하기 위해서는 양념을 하지 않는 것이 좋으며, 구이, 산적, 탕, 전골 등에 사용한다. 송이버섯처럼 향이 중요한 버섯은 씻을수록 향이 감소되므로 톡톡 쳐서 먼지를 제거하거나 젖은 행주로 살살 닦아 조리에 이용한다.

2. 표고버섯(*Lentinula Edodes*)

표고버섯은 날것과 건조한 것을 모두 이용하는데 생표고버섯은 향은 약하지만 질감이 좋아 볶음, 찌개, 나물, 전, 찜 등에 주로 사용한다. 건표고 버섯은 생표고와는 달리 특유의 향이 있는데 건조과정에서 구아닐산(guanylic acid)을 생성하는 효소와 향의 주성분인 렌티오닌(lentionin)을 생

성하는 효소가 작용하여 향과 감칠맛이 증가하게 된다. 따라서 국물맛을 낼 때는 건표고버섯을 많이 사용한다.

구아닐산은 콜레스테롤을 감소시키므로 돼지고기를 조리할 때 함께 이용하면 좋고, 렌티오닌은 강력한 항암물질로 면역 체계를 활성화하는 역할을 한다. 또한 표고버섯은 비타민 D의 전구체인 에르고스테롤을 많이 함유하고 있어 자외선을 쬐면 비타민 D가 생성되므로 건표고가 생표고에 비해 영양적으로 우수하다.

표고버섯은 갓이 갈색이고 주름이 없으며 표면이 갈라져 흰살이 드러나는 것은 국산이고, 갓이 진한 갈색이고 두께가 얇고 주름이 많은 것은 수입산이다. 생표고버섯은 수분이 너무 많지 않고 갓이 적당하게 펴져 있으며 갓 안쪽 주름이 뭉개지지 않고 줄기가 통통하고 짧은 것이 좋다.

건표고버섯을 사용할 때는 미지근한 물이나 설탕물에 잠깐 담가 불려 사용하는데 이때 너무 뜨거운 물에 담그면 표고버섯 특유의 향이 없어지므로 주의해야 한다. 표고버섯은 전, 찌개, 찜 등에 다양하게 사용되는데, 전을 부칠 때는 크기가 작은 것을 사용하고, 채로 썰어 쓸 것은 크고 두꺼운 것을 얇게 저며 썰어서 사용한다.

3. 양송이버섯(*Agaricus Bisporus*)

양송이버섯은 송이버섯에 비해 갓이 부드럽고 자루가 짧으며 색이 백색인 버섯이다.

샐러드, 수프, 피자, 구이 등에 주로 사용되며 통조림으로도 많이 사용된다. 양송이버섯은 썰거나 상처가 나면 산화효소에 의하여 갈변 현상이 일어나므로 레몬즙 등을 뿌려 갈변을 방지하는 것이 좋다.

4. 느타리버섯(*Pleurotus Ostreatus*)

느타리버섯은 참나무나 오리나무 등의 뿌리에서 자라며 향이나 맛은 약한 편이다. 세계적으로 분포하며 인공재배도 많이 한다. 볶음, 전골이나 찌개, 잡채, 나물 등에 주로 사용한다.

5. 목이버섯(*Auricularia Auricula-Judae*)

목이버섯의 색은 갈색이고, 사람의 귀 모양과 비슷하게 생겨 목이버섯이라고 한다. 맛과 향이 강하고 씹는 질감이 좋으며 음식에 독특한 색을 부여한다. 일반적으로 건조 상태의 목이버섯이 유통되고 있어 미지근한 물에 불려 사용하는데, 불리면 약 5배 가량 부피가 증가한다. 목이버섯은 잡채, 볶음, 수프 등에 이용되며 주로 중국 음식에 많이 사용된다.

6. 팽이버섯(*Fammana Velutipes*)

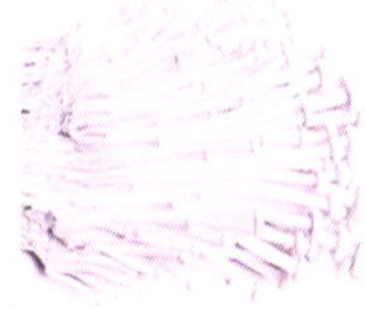

팽이버섯은 톱밥을 이용하여 재배하며 갓이 덜 핀 것이 좋다. 밑둥을 자르고 물에 살짝 씻어 날 것 그대로 사용하거나 버터구이, 찌개, 전골 등에 사용한다. 너무 오래 가열하면 질겨지므로 조리 시 마지막에 넣어 질겨지지 않도록 한다.

7. 석이버섯(*Umbilicaria Esculenta*)

색이 검은 석이버섯은 가능하면 부서지지 않는 것을 미지근한 물에 불렸다가 꼭지를 따고 손으로 비비면서 흐르는 물로 씻어 안쪽의 이끼를 벗겨 낸 후 사용한다. 석이버섯은 조리 시에는 소량의 참기름으로 저온에서 볶아 사용하며, 고명으로 사용할 때는 말아서 채썰어 사용하거나 다져서 달걀 흰자에 섞어 지단을 부쳐 사용한다.

8. 새송이버섯(*Pleurotus Eryngii*)

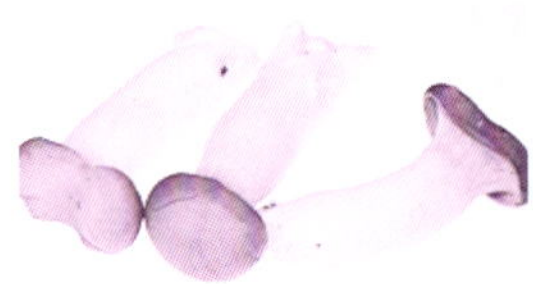

새송이버섯은 송이버섯 대용품으로 개발된 것으로 송이버섯과 유사한 모양인데 송이버섯보다 기둥이 두껍고 갓이 작다. 맛과 향은 송이버섯보다 못하지만 육질이 치밀하고 씹는 맛은 자연송이와 비슷하다. 다른 버섯에 비해 수분 함량이 낮아 저장성이 좋으며 필수아미노산도 골고루 함유하고 있어 우수한 단백질 공급원이다. 또한 식이섬유 및 각종 비타민과 무기질이 다른 버섯에 비해 많이 함유되어 있어 영양학적 가치가 높다. 새송이버섯은 단단하며 갓의 밑 부분이 노랗게 변색되지 않은 것이 좋은 상품이며, 전골, 찌개, 버터구이, 전 등에 사용한다.

9. 송로버섯 (*Tuber Magnatum*)

서양 송로버섯은 주로 프랑스, 이탈리아, 독일 등지의 떡갈나무 뿌리 근처의 땅속에서 자라기 때문에 훈련된 동물의 후각을 이용하여 찾는다. 송로버섯은 호두 크기에서 주먹만한 크기까지 다양하며 외관은 감자 모양의 덩이로 표면색은 흑갈색이고 내부는 처음에는 백색이나 적갈색으로 변한다. 인공재배가 되지 않아 값이 비싸며 철갑상어알(caviar), 거위간(foie gras)과 더불어 세계 3대 진미에 속하는 식재료로 고급요리에 사용되며 프랑스에서는 흑송로, 이탈리아에서는 백송로가 인기가 있다.

Chapter 12

유지류

유지는 식물의 종자나 동물의 조직에 축적되어 있는 성분으로 생체조직의 구성과 성장에 필요한 에너지를 공급해 준다. 또한 유지는 세포막을 구성하고 필수 지방산의 공급원이 되며 지용성 비타민의 흡수를 돕는다. 유지는 조리 시 부드러운 맛과 향, 입안의 촉감을 좋게 하고 열전도체로 작용하여 식품에서 중요한 영향을 준다.

Section 1 유지의 구조

지질은 탄소, 수소, 산소로 구성되며 대부분의 유지는 중성 지질(triglyceride)로 상온에서 액체인 기름(oil)과 고체인 지방(fat)으로 나누어진다. 중성지방은 1분자의 글리세롤(glycerol)과 3분자의 지방산으로 결합되어 있다. 지방산은 탄소수와 이중결합의 유무에 따라 포화지방산과 불포화지방산으로 나눈다. 지방산의 탄소수는 대부분 짝이며 보통 2개~22개로 되어 있다.

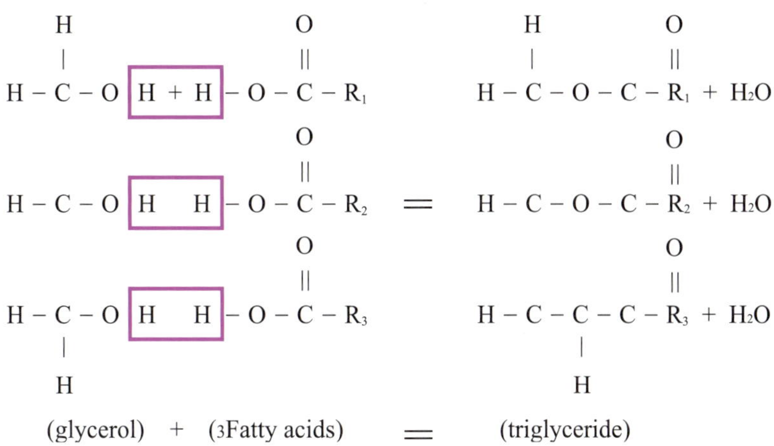

그림 12-1
중성지질의 구조

Section 2 유지의 종류

유지는 상온에서 고체상태인 fat과 액체상태인 oil로 구별하며 고체와 액체는 서로 지방산의 조성이 다르므로 특성 또한 다르다.

1. 식물성 유지

(1) 옥수수유(corn oil)

옥수수의 배아를 분리, 압착하여 추출한 것으로 정제하지 않은 기름은 일반 식물성 기름보다 어두운 적갈색이다. 옥수수유는 올레산과 리놀레산이 많으며 비타민 E, 페룰산(ferulic acid) 등 산화방지작용을 하는 성분도 미량 함유되어 있다. 옥수수유는 샐러드유로 많이 사용되며, 조리용기름, 마가린, 쇼트닝의 원료로 이용된다.

(2) 올리브유(olive oil)

지중해 연안과 유사한 기후에 많이 분포되어 있다. 올리브유에는 불포화지방산이 많이 함유되어 있고 녹황색을 띠며 독특한 향을 갖는다. 올리브 열매에서 압착하여 처음 나온 최상 등급의 기름을 버진(virgin)이라 하는데 엑스트라버진(extravirgin), 버진(virgin), 퓨어(pure) 순의 등급이 있다.

(3) 대두유(soybeen oil)

가장 많이 사용되는 기름으로 불포화지방산인 올레산(oleic acid), 리놀레산(linoleic acid)이 많이 함유되어 있다. 값이 저렴하고 발연점이 높아 튀김용으로 많이 사용한다.

(4) 참기름(sesame oil)

참깨를 볶아 압착한 것으로 특유의 향미를 부여하며 불포화지방산, 비타민 A, B_1, B_2, C가 풍부하다. 천연 항산화제인 세사몰(sesamol)과 토코페롤(tocopherol)이 들어있어 산화방지 역할을 한다.

(5) 팜유(palm oil)

야자열매에서 얻어지는 식물성 유지로 포화지방산이 많아 상온에서 반고체 상태이다. 산화에 대한 안정성이 높아 장시간 보관이 가능하며 마가린 제조, 제과 등에 많이 이용된다.

2. 동물성 유지

(1) 버터(butter)

우유를 원심분리하면 지방층과 수분층으로 분리되는데 이때 지방층은 버터가 되고 수분층은 버터밀크가 된다. 버터는 80% 이상의 지방이 함유한 유중수적형으로 흡착성이 강해 보관 시 반드시 밀봉해서 냉장보관해야 한다. 버터의 종류는 발효버터와 무발효버터, 가염버터와 무염버터, 버터오일 등이 있다.

(2) 우지(beer tallow)

우지는 소의 내장, 복부 등에서 채취한 황색을 띤 고체지방이다. 우지의 융점은 45~55℃로 높으며 가열 시 버터와 비슷한 점성을 나타내어 마가린, 쇼트닝의 원료, 제과 제빵에 이용된다.

(3) 라드(lard)

돼지의 지방을 추출하여 정제시킨 기름으로 색이 희고 냄새가 나지 않는다. 라드는 포화지방산이 많고 우지보다 융점이 낮으며 쇼트닝 효과가 커서 음식을 부드럽게 한다. 반면 크리밍성은 적어서 제과용으로 사용할 때는 버터, 쇼트닝, 마가린 등과 함께 사용해야 한다.

(4) 어유(fish oil)

동물성 유지이지만 불포화지방산이 많아 산패되기 쉬우며 상온에서 액체 상태이다. DHA, EPA 등 다가 불포화지방산을 많이 함유하고 있어 뇌세포막 구성에 관여한다.

표 12-1 동물성 지방의 종류와 특징

종 류	용 도	특 징
버터	제과, 제빵	저급 지방산을 함유하고 있다. 독특한 향미가 있다.
라드	제과, 제빵, 김치찌개	쇼트닝성이 커서 부드럽게 한다. 냄새가 나지 않는다. 크리밍성은 적다.
어유	마가린의 원료	청어, 정어리 등에서 채취 DHA, EPA 함량이 높다. 불포화지방산이 많아 산패되기가 쉽다.
우지	마가린, 쇼트닝의 원료	소의 신장과 장에서 채취한다.

톡톡 정보

• 시스형과 트랜스형

시스형(cis) – 이중결합이 존재하는 탄소에 붙어 있는 수소가 같은 방향에 있는 경우

트랜스형(trans) – 이중결합이 존재하는 탄소에 붙어 있는 수소가 반대 방향에 있는 경우

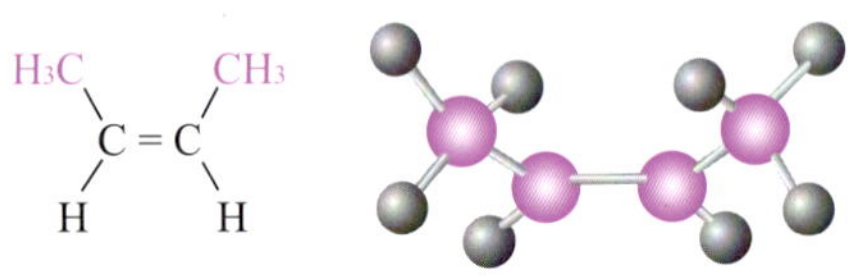

시스형

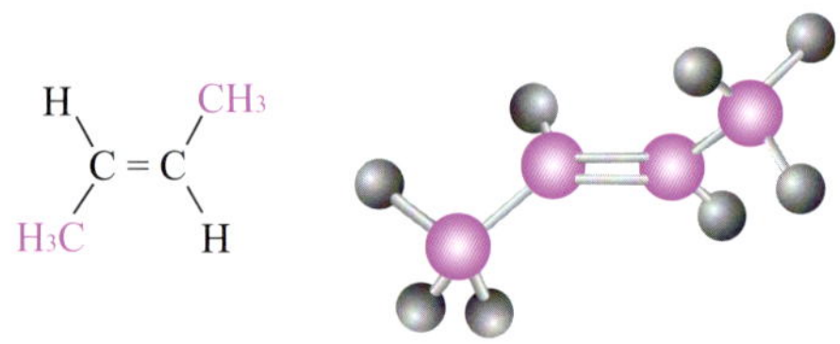

트랜스형

그림 12-1 시스형과 트랜스형

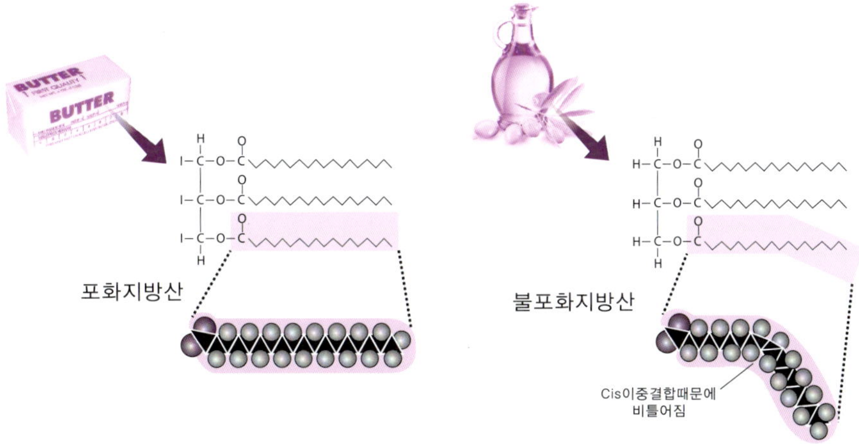

그림 12-2 포화지방산과 불포화지방산

3. 가공유지

식용유지를 경화 또는 동유처리하여 제조한 유지이다.

1) 수소화

액체유인 불포화지방산의 이중결합체에 니켈 촉매로 인해 수소결합을 첨가하는 것이다. 수소화가 되면 포화도가 증가하여 상온에서 고체 상태가 되며 이를 이용해서 만든 것이 마가린 쇼트닝이다.

그림 12-3 고체유 가공 과정

(1) 마가린(margarine)

마가린은 식물성 유지에 수소를 첨가하여 경화시킨 후 탈지우유, 레시틴, 소금, 물, 식품첨가물 등을 혼합하여 유화시킨 것으로 버터 대용으로 만들어진 것이다. 마가린은 80% 이상의 지방을 함유하고 있다.

(2) 쇼트닝(shortening)

쇼트닝은 마가린 제조와 비슷하며 공기를 주입시켜 가소성을 증가시킨 것이다. 쇼트닝 효과 및 크리밍성이 크기 때문에 제과 제빵에 주로 이용되고 있다.

2) 동유처리

녹는점이 높은 포화지방산의 결정을 제거하기 위해 결정화된 지방을 여과시켜 동유처리를 한다. 동유처리된 기름은 냉장온도에서 뿌옇게 결정화되지 않는다.

톡톡 정보

• 오메가 지방산

지방산 카르복실기의 반대쪽에 있는 메틸기에서부터 3, 6, 9번째 탄소 위치에 이중결합이 있는 불포화지방산으로 ω-3, ω-6, ω-9가 있다.

표 12-2 올레산과 올리브유

$\omega-3(n-3)$	α-리놀렌산, DHA, EPA	등푸른 생선, 연어 참치, 들기름 등
$\omega-6(n-6)$	리놀레산, 아라키돈산	대두유, 옥수수유, 면실유 등 식물성 기름
$\omega-9(n-9)$	올레산	올리브유

Section 3 유지의 특성

1. 유지의 성질

(1) 비중

일반적으로 유지의 평균 비중은 15℃에서 0.90~0.96으로 비중이 물보다 적어 물 위에 뜨게 된다. 유지의 비중은 불포화지방산이 많을수록 커진다.

(2) 융점

유지의 융점이란 고체지방이 액체지방으로 되는 온도를 말한다. 지방산의 탄소수가 증가할수록, 불포화지방산의 이중결합이 증가할수록 융점이 높다.

일반적으로 동물성 지방이 고체인 이유는 포화지방산 함량이 높아 융점이 높기 때문이며, 식물성 지방은 불포화지방산 함량이 높아 융점이 낮고 상온에서 액체 상태이다.

(3) 용해성

유지는 물에 녹지 않고 에테르, 벤젠, 클로로포름 등의 유기용매에 녹는다. 탄소수의 길이가 길어질수록 용해성은 떨어진다.

(4) 비열

유지의 비열은 0.40~0.47 cal/g℃로 작아 온도가 빨리 오르거나 내려간다. 튀김 시 끓는 기름에 냉동 재료를 넣으면 바로 기름의 온도가 내려가 낮은 온도에서 튀겨진다.

(5) 가소성

가소성은 외부에서 가해지는 힘에 의해 그 모양을 유지하는 능력으로 지방의 펴짐성에 관여한다. 고체지방은 외부에서 가해지는 힘에 의하여 자유롭게 변하는 가소성이 있어 제과 반죽에서 다양한 모양을 만들 수 있다. 가소성은 온도에 영향을 받으며 고체인 버터를 따뜻하게 해주면 부드럽고 펴짐성이 좋아진다. 또한 불화도가 높을수록 가소성도 커진다.

(6) 쇼트닝성

가소성이 있는 유지가 밀가루 반죽의 표면을 둘러싸 글루텐이 물과 결합하는 것을 방해하여 층을 형성함으로써 글루텐의 길이가 짧게 하는 성질을 쇼트닝성(shortening power)이라고 한다.

쿠키, 페이스트리(pastry) 등을 만들 때 버터, 마가린 등 가소성이 높은 고체지방을 사용하여 쇼트닝성을 높인다. 쇼트닝성은 유지의 종류, 유지의 양, 유지의 온도, 반죽의 종류에 따라 다르다. 또한 불포화도가 높을수록 가소성은 커진다.

(7) 크리밍성

버터, 마가린, 쇼트닝 등의 고체 지방을 빠르게 저어 주면 공기가 들어가 부피가 증가하면서 하얗고 부드럽게 되는데 이것을 크리밍성(creming property)이라고 한다. 크리밍성이 가장 높은 것은 쇼트닝이며 마가린, 버터 순이다.

(8) 유화성

지방은 물에 녹지 않아 분리되기 쉽고 이때 분자 내에 친수기와 친유기를 가지고 있는 유화제를 사용하면 물과 지방을 섞이게 해주는데 이러한 현상을 유화(emulsion)라고 한다. 천연 유화제로는 레시틴이 가장 대표적이고 우유, 난황에 많이 함유되어 있다. 유화 형태는 물에 지방이 분산되어 있는 수중유적형(Oil in water, o/w형)으로 우유, 마요네즈 등이 있고 지방에 물이 분산되어 있는 유중수적형(Water in oil emulsion, w/o형)으로 버터, 마가린 등이 있다.

톡톡 정보

- 분리된 마요네즈를 재생시키는 방법
  난황을 다시 준비하여 분리된 마요네즈를 조금씩 넣으면서 저어 주면 재생이 가능하다.

(9) 발연점

유지 가열 시 온도가 상승하면서 아크롤레인(acrolein)이라는 자극성 냄새 성분의 푸른 연기가 생성될 때의 온도를 발열점이라고 한다.

이것은 지방이 가열에 의해 지방산과 글리세롤이 분해되고 글리세롤은 계속적인 분해로 인해 아크롤레인이 생성되기 때문이다. 튀김의 경우는 발연점이 높은 콩기름이나 옥수수유 등 식물성 기름이 적당하며 한 번 사용한 기름은 발연점이 떨어지므로 새 기름과 섞어 사용하는 것은 좋지 않다.

톡톡 정보

• 발연점이 낮아지는 이유
① 유지가 분해되어 유리지방산 함량이 많아질 때
② 용기의 표면적이 넓을 때
③ 기름에 이물질이 많을 때
④ 사용 횟수가 많을 때

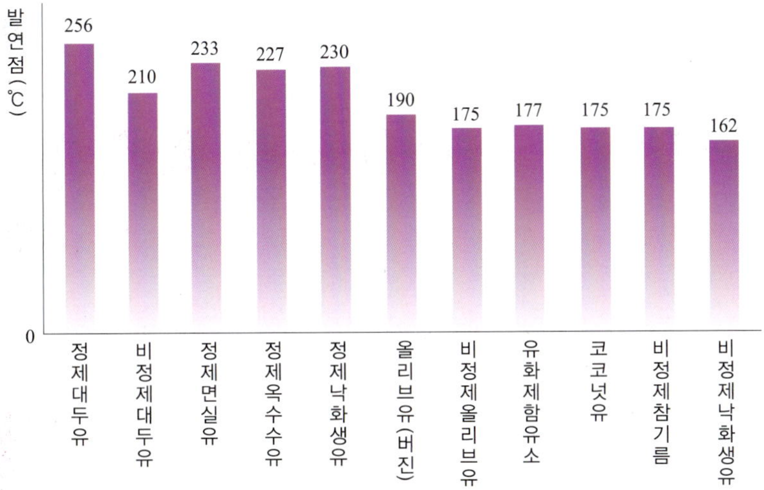

그림 12-4 유지 종류에 따른 발연점

(10) 유지의 산화도 측정가들

① 산가

유지 1g 중에 함유되어 있는 유리지방산을 중화하는 데 필요한 KOH의 mg수로 나타낸다. 유지의 정제가 불충분하거나, 사용 횟수가 많고 오래된 기름일수록 산가가 높다.

② 요오드가

유지 100 g에 흡수되는 요오드의 g수로 유지의 불포화도를 나타내는 척도이며 불포화지방산이 많을수록 요오드가가 높다.

③ 과산화물가

유지는 산화되면서 이중결합에 산소와 결합하여 과산화물을 생성한다. 유지 1kg 중에 생성된 과산화물의 mg당량으로 표시한다.

④ TBA가(thiobarbituric acid value)

유지가 산화되어 생성되는 알데히드(aldehyde) 등이 TBA 시약과 반응하여 적색을 나타내는 반응을 이용하여 유지의 산화도를 측정한다.

Section 4 유지의 산패

1. 산패

유지를 저장하는 동안 산소와 결합하여 나타나는 변화로 색이 짙어지고 불쾌한 냄새, 점성, 독성물질들이 발생하여 품질이 저하되는데 이러한 현상을 산패(rancidity)라고 한다. 산패는 광선, 빛, 효소, 온도, 미생물 등에 의해 촉진된다. 이러한 산패는 불포화지방산이 많을수록 저장 기간이 길수록 산패가 잘 일어난다.

2. 산패 방지법

유지의 산패를 방지하려면 저온저장 또는 어둡고 서늘한 곳에 보관하는 것이 좋다. 유지의 산패를 늦추기 위해 항산화제를 사용할 수 있는데 천연항산화제로는 토코페롤, 세사몰, 고시풀, 비타민 C 등이 있다. 철, 구리 등 금속은 지방의 산화를 촉진하므로 조리도구는 스테인리스 스틸을 사용하는 것이 좋다.

톡톡 정보

• 유지의 보관

버터나 마가린 : 냉장고에 보관
쇼트닝, 식물성유 : 뚜껑을 닫고 빛이 없는 실온에서 보관
올리브유 : 다른 식물성유보다 소비기한이 짧아 개봉 후 빨리 사용해야 함.

Section 5 유지의 조리 특성

1. 조리 시 변화

(1) 향미의 증가

볶음, 튀김요리 등에 유지를 사용하면 음식의 독특한 향미를 가지게 되므로 식욕 증진을 가져온다. 참기름, 들기름, 올리브유 등의 유지는 피막을 형성하고 향기 성분은 휘발성이 있으므로 마지막에 넣어야 한다.

(2) 부착 방지

식품에 기름을 바르거나 팬에 기름을 넣고 가열하면 윤활유 역할과 막이 생기지 않아 식품의 부착을 방지한다

(3) 열전도

유지의 주요 기능 중 하나가 열 전달의 매개체이다. 유지는 열전도율이 높고 끓는점이 높아 단시간 조리할 수 있고 영양소 파괴를 최소화 한다. 기름의 양에 따라 다양한 요리가 가능하며 그 예로 튀김과 볶음이 있다.

2. 튀김

튀김은 기름을 열매체로 하여 고온에서 단시간 조리하는 것으로 재료의 수분이 증발하고 기름이 흡수되면서 바삭한 질감과 특유의 향이 있으며 영양소 손실이 가장 적은 조리법이다.

(1) 튀김유

튀김은 발연점이 높은 식물성유가 적합하며 대두유, 옥수수유, 면실유가 있다. 참기름, 들기름, 유화제가 첨가된 버터, 마가린 등은 발연점이 낮아 튀김용으로 적당하지 않다.

튀김 시 기름의 흡수량이 많아지는 이유는 온도가 낮거나 튀김 시간이 길 때, 재료의 표면적이 클수록, 당 또는 수분 함량이 많을 때, 표면이 다공질일 때 기름의 흡수량이 증가한다.

기름은 튀길 때마다 발연점이 낮아지므로 여러 번 사용하지 않는 것이 좋다.

(2) 튀김 온도와 시간

기름은 비열이 낮아 쉽게 온도가 상승하고 쉽게 저하되기 때문에 온도에 주의해야 한다. 튀김은 일반적으로 180℃ 전후에서 튀기지만 재료의 종류, 크기, 튀김옷에 따라 달라진다. 기름의 온도가 낮거나 튀김시간이 길수록 기름의 흡수는 많아진다.

약과는 낮은 온도(140~150℃)에서 튀겨야 기름의 흡수가 많아져 부드럽고 바삭한 질감을 가진다. 튀김할 때 온도의 변화를 막기 위해서 두꺼운 금속용기, 직경이 좁은 팬을 사용하는 것이 좋다.

그림 12-5 튀김 온도와 시간

(3) 튀김옷

① **밀가루** : 바삭한 질감을 주기 위해 글루텐 함량이 적은 박력분이 좋다. 박력분이 없으면 중력분에 전분을 섞어 사용하기도 한다.

② **물** : 15℃ 찬물에 박력분을 넣으면 수화가 늦게 되고 글루텐 형성이 적어 튀김옷이 두꺼워지지 않고 바삭거리게 된다.

③ **달걀** : 달걀은 글루텐 형성을 도와 튀김옷의 경도를 도와주며 달걀 단백질 응고에 의해 수분흡수가 저하되어 바삭한 질감을 준다. 하지만 튀김이 오래되면 눅눅해지는 단점이 있다.

④ **중조** : 튀김옷에 0.1%의 중조를 넣으면 탄산가스 발생과 수분이 증발하여 가볍고 바삭하게 된다.

⑤ **설탕** : 설탕을 첨가하면 글루텐 형성을 방해하여 튀김옷이 연해지고 바삭거리며 튀김옷을 적당히 갈변시킨다.

⑥ **튀김옷** : 튀김옷은 물과 달걀 푼 것에 체친 가루를 넣고 가볍게 섞어야 글루텐 형성을 최대한 막을 수 있다. 튀김옷을 입혀 튀기면 재료의 수분 증발을 감소시키고 기름을 흡수하여 향과 맛이 좋아진다.

톡톡 정보

① 튀김 시 주의할 점

- 재료를 한꺼번에 많이 넣지 않도록 한다. 온도 상승이 늦어 기름의 흡수량이 많아진다.
- 수분이 많은 식품은 튀김 온도를 저하시키는 요인으로 튀기기 전 수분을 제거한다.

② 새우를 튀길 때 주의할 점

새우를 손질할 때 꼬리 끝을 잘라내고 꼬리에 든 물을 빼내야 튀길 때 기름이 튀지 않는다.

③ 바삭한 튀김을 만드는 방법

- 글루텐 함량이 적은 박력분을 사용한다.
- 15℃ 찬물에 박력분을 넣으면 수화가 적게 되어 글루텐 형성이 적게 형성된다.
- 물의 1/4 정도를 달걀로 대체하면 달걀단백질 응고에 의해 더욱 바삭거리게 된다.
- 튀김옷에 중조(탄산수소나트륨)를 조금 첨가하면 탄산가스 발생으로 수분이 증발되어 바삭거리게 된다. 하지만 비타민 B군 손실이 있어 영양학적으로는 좋지 않다.

Chapter 13

육 류

육류는 근육조직, 결합조직, 지방조직, 골격 등으로 구성되어 있다. 육류는 어린동물이 결체조직 비율이 높고 뼈에 비해 살이 많으며 지방함량은 낮다. 성숙한 동물은 결체조직의 함량은 많으나 그 비율은 적고 지방함량은 많다. 우리나라에서 주로 식용으로 이용하는 육류는 쇠고기, 돼지고기, 양고기 등이며 가공류는 닭, 칠면조, 꿩, 오리 등이 있다. 종교에 따라 유대교와 이슬람교는 돼지고기를 금하고 있으며 인도의 힌두교는 쇠고기를 금하고 있다.

Section 1 육류의 구조

1. 근육조직

근육조직은 동물조직의 약 40%를 차지하며 횡문근, 평활근, 심근 등 세 종류가 있다. 근육조직은 단백질 분자들이 모여서 근원섬유를 만들고, 약 2000개의 근원섬유가 모여 긴 원통모양의 근섬유를 형성한다. 근섬유는 다시 근속이 되며 더욱 커져 근육을 만들어 뼈에 부착된다. 근원섬유는 A대와 I대로 된 가로무늬를 가지며 A대는 미오신으로 이루어진 굵은 필라멘트, I대는 액틴으로 이루어진 가는 필라멘트로 되어 있다. 근육수축의 소단위는 Z선에서 Z선까지의 근절이다.

조리하는 부위는 근육조직의 횡문근으로 동물체의 30~40%를 차지한다. 근육조직은 연령이 낮을수록, 운동량이 적을수록 연하며 등심, 안심 같은 부분의 고기가 연하다.

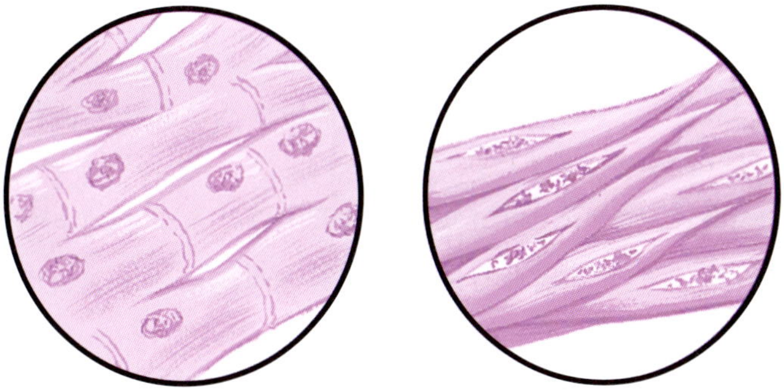

그림 13-1 육류의 근육조직

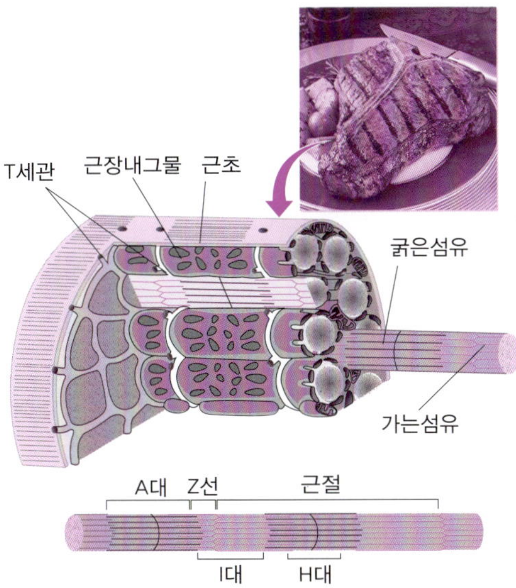

그림 13-2 근육조직의 세부구조

2. 결합조직

결합조직은 근섬유와 지방조직을 둘러싸고 있으며, 근육이나 장기를 다른 조직과 결합하는 힘줄 등을 말한다. 결체조직의 대부분인 백색의 콜라겐과 황색의 엘라스틴은 껍질, 힘줄, 근육과 결합하는 뼈나 가죽 부위에 많이 있다. 운동량이 많을수록, 연령이 많을수록 결합조직 함량이 많으며 암컷보다 수컷, 돼지고기와 닭고기보다 쇠고기에 많다. 결합조직이 많은 부위는 목심, 사태, 양지, 갈비 등으로 습열조리에 적당하다.

3. 지방조직

육류의 지방은 피하, 복부, 장기의 주위에 많이 분포되어 있으며 근육 내에 흰 색반점이 대리석무늬 모양으로 분포되어 있는 지방조직을 근내지방(마블링 marbling)이라고 한다. 쇠고기의 안심이나 등심과 같은 부위에 마블링이 잘 형성되어 있어 육류가 연하고 맛과 풍미가 좋으며 육질의 품질을 높여 준다. 마블링이 잘된 부위는 육즙이 풍부하고 촉촉하며 구울 때 기름이 빠져나와 조직이 부드러워진다. 지방 함량은 성별, 나이, 사료, 운동량, 부위에 따라 다르며 쇠고기보다 돼지고기에, 닭고기보다 오리고기에 더 많다.

4. 골 격

뼈의 상태는 동물의 연령, 암수에 따라 다르다. 어린 동물의 뼈는 연하며 분홍빛을 나타내고 성숙한 동물의 뼈는 단단하고 희다. 뼈는 끓이기 전에 충분히 담가서 핏물을 우려내고 뜨거운 물로 한 번 데친 후 찬물을 부어 끓이는 것이 좋다. 뼈는 운동량이 많고 결합조직이 많은 부위를 끓이면 콜라겐 성분이 많이 우러나고 인지질이 유출되어 맛있는 국물이 우러난다.

Section 2 육류의 종류

1. 쇠고기

소의 품종은 육용, 유용(젖소) 등으로 구분된다. 옛부터 우리나라는 고기전통의 소품종이 없다가 미국으로부터 육용품종이 도입되었다.

한우는 한국소를 말하며 국내산 쇠고기는 국외의 소가 국내에 들어와 6개월 이상 방목 또는 사육 후에 도살된 쇠고기를 국내산 쇠고기라고 한다. 젖소고기는 늙은 젖소의 고기로 육질이 질기고 맛이 떨어져 가격이 저렴하다. 쇠고기의 근섬유는 결이 좁고 탄력이 좋으며 백색지방이 잘 섞여 있는 대리석 무늬를 이루고 있다. 송아지는 지방이 적고 수분이 많아 연하지만 풍미는 덜하다.

톡톡 정보

- 코셔 고기

유태인의 규범에 따라 도축되는 고기류로 소, 양, 염소가 해당되고, 돼지는 해당되지 않는다. 랍비가 도축되는 곳에 있어야 하고 단 한번에 칼로 베어서 피를 완전히 제거하도록 한다. 유대법에 의하면 피는 생명이어서 먹지 않는다. 소의 우둔과 허리부분은 코셔(Kosher) 고기에 해당되지 않는데 이 부분의 혈관을 제거하기 어렵기 때문이다.

- 할랄 고기

아랍어로 '이슬람교에 의해 허용할 수 있는 고기' 라는 뜻이다. 돼지고기를 금하고 허용된 고기는 무슬림 규범에 따라 도살된다. 한국에 거주하는 이슬람교들은 할랄(Halal) 고기를 먹고, 이슬람교인들은 레스토랑에서도 할랄 고기를 찾는다.

- 육우

식용으로 사용하며 외형상의 특징은 다리가 짧고 앞가슴 부위, 어깨, 뒷다리 근육이 잘 발달되어 있다.

- 비육

가축을 식용으로 쓰기 위해 짧은 기간에 살이 찌게 기르는 것이다.

2. 돼지고기

돼지의 품종은 중국종과 서양종으로 분류하지만 현재는 개량종으로 많이 사육하고 있다. 돼지고기는 거의 모든 부위가 사용되며 소시지나 베이컨, 햄과 같은 육가공품에도 많이 이용된다.

3. 양고기

양고기의 육질은 나이에 따라 영향을 받는다. 양고기를 많이 먹는 지역은 미국, 유럽, 아프리카, 지중해, 남아시아, 중국 등이다.

Section 3 육류의 성분

육류는 70% 이상 수분이며 나머지 고형물 중 대부분이 단백질이고 지질과 소량의 무기질, 비타민 등을 함유하고 있다. 지방은 동물이 어릴수록 함량이 적으며 돼지고기, 쇠고기, 닭고기 순으로 지방 함량이 적다.

육류의 비타민은 비타민 B_1, B_2, 니아신 등 비타민 복합체가 있으며 비타민 B_1은 돼지고기에 많이 함유되어 있다.

육류는 약 1% 정도의 무기질이 함유되어 있으며 그 중 철분의 급원식품이다. 육류에 포함되어 있는 헴철은 채소에 포함되어 있는 비헴철보다 약 10배 정도 흡수가 잘 된다.

표 13-1 육류의 성분

(가식부 / 100 g 당)

육류		수분 (g)	열량 (kcal)	단백질 (g)	지질 (g)	당질 (g)	회분 (g)	무기질					비타민				
								칼슘 (mg)	인 (mg)	철 (mg)	나트륨 (mg)	칼륨 (mg)	A (RE)	B_1 (mg)	B_2 (mg)	니아신 (mg)	C (mg)
쇠고기	등심	67.4	192	20.1	11.3	0.2	1.0	22	172	4.6	442	415	7	0.07	0.20	5.4	0
	사태	74.1	130	20.2	4.7	0.1	0.9	3	156	2.1	78	344	12	0.04	0.14	1.4	0
	안심	71.6	148	20.8	6.3	0.2	1.1	23	175	4.7	453	381	12	0.08	0.25	5.2	0
	양지	69.3	167	21.3	8.1	0.3	1.0	16	158	5.0	361	372	14	0.06	0.18	5.2	0
	우둔	73.1	132	21.0	24.5	0.1	1.1	20	180	5.8	449	386	7	0.07	0.22	5.3	0
돼지고기	갈비	65.8	208	17.5	13.9	0.8	1.0	12	196	0.4	61	210	6	0.74	0.16	6.0	2
	뒷다리	63.6	235	18.5	16.5	0.3	1.1	1	179	1.7	59	300	2	0.92	0.18	4.9	0
	삼겹살	53.3	331	17.2	28.4	0.3	0.8	8	132	0.7	44	202	6	0.68	0.30	4.4	1
	안심	70.8	223	14.1	13.2	0.5	1.4	2	227	1.6	49	117	2	0.91	0.18	4.1	0
닭고기		69.4	480	19.0	10.6	0.1	0.9	10	170	0.9	66	59	50	0.20	0.21	2.7	0
오리고기		63.3	257	14.4	21.6	0.2	0.5	15	111	1.8	48	289	–	0.21	0.23	3.8	0

출처 : 농촌진흥청 농업과학기술원 농촌자원개발연구소, 2006, 식품성분표(제7개정판)

Section 4 육류의 사후 경직과 숙성

1. 사후경직

동물체가 도살된 후 시간이 지나면 근육이 단단하게 굳는데 이 현상을 사후경직이라고 한다. 사후경직의 고기는 질기고 보수성이 떨어져 먹기 힘들므로 사후경직이 끝난 후 조리하는 것이 좋다. 식육을 위해서 도살 과정을 거친 후 혈액순환이 정지되어 근육의 글리코겐이 혐기적 해당과정을 거쳐 젖산을 생성하며 ATP 생성은 저하된다. 도살직후 근육의 pH는 7.0~7.4인데 젖산생성과 ATP 분해효소 작용으로 생성된 인산에 의해 pH 6.5 이하가 된다. 또한 ATPase가 활성화되어 ATP가 신속하게 분해되면서 미오신과 액틴이 결합하여 경직상태의 액토미오신이 된다. 이때 식육은 질기고 보수성이 저하되어 맛이 없어진다.

표 13-2 육류의 사후경직과 숙성시간

육류의 종류	사후경직 시간	숙성(냉장)
쇠고기	12시간	7~10일
돼지고기	12시간	3~5일
닭고기	6시간	2일

2. 숙 성

경직되었던 근육 내에 단백질 분해효소인 프로테아제(protease)에 의해 자기소화가 일어나 근육의 길이가 짧아지고 연해진다. 또한 수분이 많아지고 유리아미노산, 올리고펩티드가 생성되어 독특한 맛과 풍미가 생기고 보수성도 증가하는데 이러한 과정을 숙성이라 한다.

숙성이 되면서 근육내 ATP → ADP → AMP → IMP → 이노신산(inosinic acid)으로 분해되어 감칠맛이 향상된다. 또한 사후경직에서 생기는 인산, 젖산 등은 육류의 연화를 돕는다. 숙성은 온도에 따라 숙성기간이 다르며 저온에서 숙성시켜야 세균의 번식을 억제할 수 있다.

Section 5 육류의 색

육류의 주된 색은 근육의 육색소인 미오글로빈에 의해 적색을 띠며 미오글리빈 함량은 동물의 부위, 연령 등에 따라 육색소가 다르다. 일반적으로 운동을 많이 한 근육일수록 어두운 적색을 띠며 근육량이 적은 부위는 색이 밝다. 신선한 육류는 암적색을 띠나 절단하여 공기 중에 노출하면 산소와의 결합으로 선홍색의 옥시미오글로빈이 된다. 육류가 장시간 공기에 노출되어 있거나 표면이 세균에 의해 산소공급이 부족하면 헴철이 제1철(Fe^{2+})에서 제2철(Fe^{3+})로 산화되어 적갈색의 메트미오글로빈이 된다.

육류를 장시간 방치하면 미오글로빈의 파괴가 일어나 극심한 세균오염으로 표면이 녹색으로 변할 수 있다.

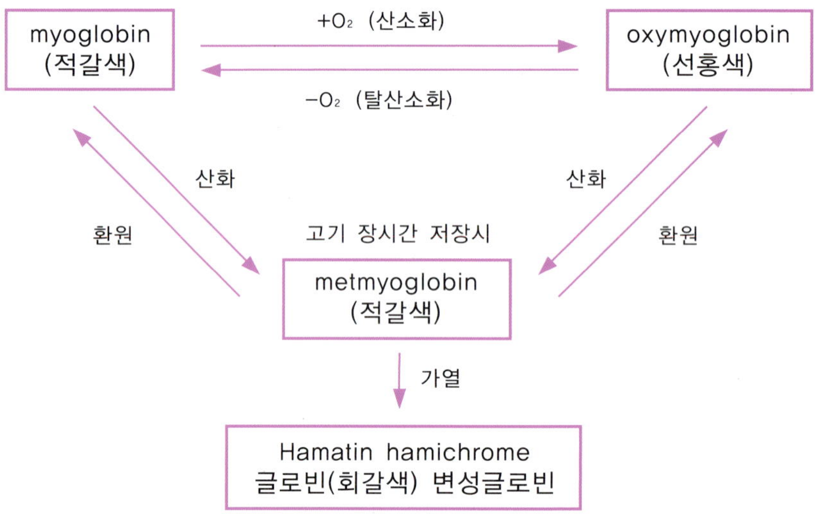

그림 13-4 육류의 색변화

Section 6 육류의 품질등급

쇠고기의 등급에는 근내지방도, 지방색, 육색, 조직감, 성숙도에 따라 판정하는 육질등급과 도체에서 얻을 수 있는 고기량을 중량, 등지방 두께, 등심단면적을 종합하여 육량지수에 따라 A~D등급으로 나누는 육량등급이 있다.

육량등급 \ 육질등급	1^{++}등급	1^{+}등급	1등급	2등급	3등급	등외
A등급	1^{++}A	1^{+}A	1A	2A	3A	
B등급	1^{++}B	1^{+}B	1B	2B	3B	
C등급	1^{++}C	1^{+}C	1C	2C	3C	
D등급(등외)						

Section 7 육류의 조리 특성

1. 융 점

분자량이 작거나 불포화도가 높을수록 융점(fusion point)이 낮다. 쇠고기는 포화지방산의 함량이 많아 융점이 높으므로 뜨거울 때 먹어야 한다. 돼지고기와 닭고기는 쇠고기에 비해 불포화지방산의 함량이 많아 융점이 낮고 사람의 혀 온도와 비슷하여 입안에서의 촉감이 좋으며 냉채요리에도 적합하다.

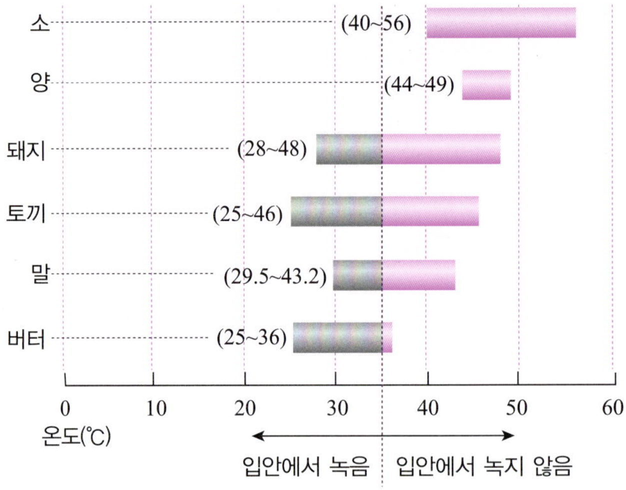

그림 13-3 식육의 융점

2. 가 열

육류는 50℃ 이상으로 가열하면 단백질 변성이 시작된다.

질긴 결합조직을 가열하면 65℃에서 콜라겐의 분해가 시작되어 80℃에서는 젤라틴으로 쉽게 변하면서 부드러워진다. 높은 온도에서 장시간 가열 시 근육단백질은 질겨지지만 결합조직이 많은 부위는 부드러워진다. 불고기를 만들 때 설탕이나 물엿을 넣고 양념한 후 가열하면 마이야르 반응(단백질-당 갈변 반응)으로 먹기 좋은 갈색을 형성한다.

3. 연화 방법

육류의 연화는 기호성에 가장 큰 영향을 주는 요인이다. 결합조직이 많을수록 근육이 두꺼울수록 질기므로 다양한 연화 방법을 통해 부드럽고 맛이 향상될 수 있다.

(1) 기계적 방법

'육류를 곱게 다지거나 망치로 두드리는 방법'이나 '기계로 얇게 썰거나 칼로 잘게 써는 방법' 등은 근육을 짧게 끊어주어 육류를 연하게 해준다. 육류를 자를 때는 근섬유 길이 방향의 직각으로 자르거나 칼집을 내면 근섬유가 짧아져서 연하다. 산적이나 돈가스를 만들 때 칼집을 주면 고기가 부드럽고 많이 수축되지 않는다.

(2) 효소

육류에 단백질 분해효소를 사용하면 고기의 연화를 증가시킨다.

우리나라는 예전부터 고기를 재울 때 배를 사용하였는데 배에는 프로테아제가 들어 있어 연화에 도움을 준다. 단백질분해효소로 사용되는 것은 파파야의 파파인(Papain), 파인애플의 브로멜라인(Bromelain), 무화과의 피신(Ficin), 키위의 액티니딘(Actinidin) 등이 있다. 키위의 액티니딘은 단백질 분해효소 작용이 강해 많이 첨가하게 되면 오히려 육고기가 물러지므로 주의해야 한다.

(3) 염의 첨가

육류를 조리할 때 소금 또는 간장을 첨가하면 연해진다. 일반적으로 소금을 1.2~1.5% 첨가하면 육류의 연화 효과도 있지만 너무 많이 첨가하면 탈수작용을 일으켜 중량이 감소되며 고기가 질겨지고 맛이 없어진다.

(4) 산의 첨가

육류는 약간의 산성에서는 수화력이 증가하여 부드러워진다. 고기에 와인, 토마토페이스트, 식초, 레몬 등을 사용하면 단백질의 수화능력이 증가하여 고기가 연해지는데 너무 많이 첨가하게 되면 오히려 질겨질 수 있다.

(5) 당의 첨가

당은 단백질의 열응고를 지연시키는 효과가 있어 육류 조리 시 가해 주면 고기가 연화된다. 그러나 설탕을 다량으로 첨가하였을 경우에는 탈수작용으로 인해 오히려 질겨진다. 고기의 연화에 도움을 주는 당은 설탕 외에도 꿀, 배즙, 올리고당 등이 있다.

Section 8 육류의 조리 및 이용

1. 쇠고기

(1) 부위에 따른 조리

결합조직이 많은 양지, 사태, 목심 등은 물에 장시간 가열하는 습열조리법이 적당하며 움직임이 적고 결합조직이 적은 안심, 등심, 채끝 등은 건열조리법이 적당하다. 그림과 같이 쇠고기부위별에 따라 조리법이 다르므로 조리의 용도에 맞게 선택하는 것이 좋다.

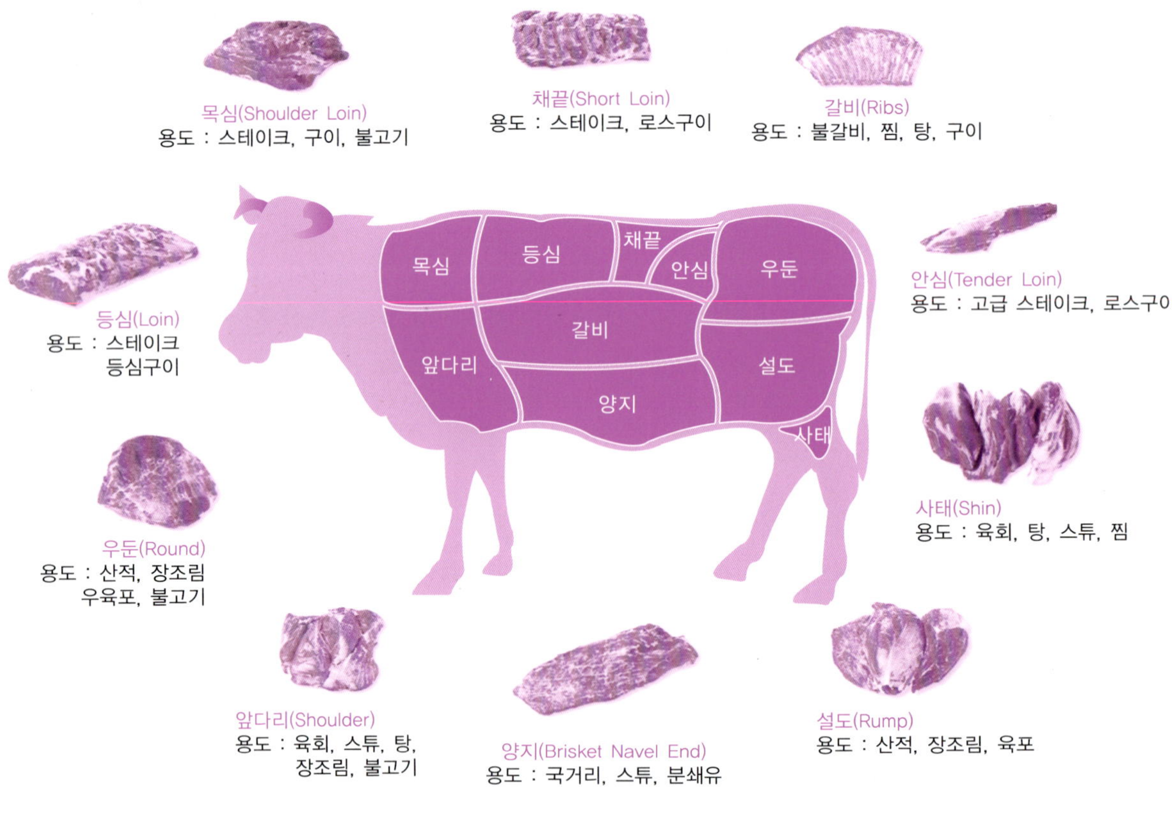

그림 13-4 쇠고기 부위별 명칭과 조리법

(1) 조리법

1) 습열조리

결체조직이 많은 사태, 양지머리, 갈비 등은 습열 조리법으로 적당하며 탕, 조림, 찜, 편육, 전골 등이 있다.

① 탕

운동량이 많고 결합조직이 많은 부위인 양지, 사태, 꼬리, 사골, 우족 등이 탕이나 국조리에 적합하다. 탕은 육류의 수용성 단백질과 맛성분이 충분히 우러나야 되므로 찬물에서부터 넣고 끓여야 하며 콜라겐이 젤라틴으로 될 때까지 중불에서 오랫동안 끓인다.

뼈는 찬물에 담가 핏물을 빼고 조리해야 뼈에 들어 있는 각종 나쁜 성분들이 용출되어 맑은 육수를 낼 수 있다.

② 찜

찜용은 결합조직이 많은 사태, 꼬리 등의 질긴 부위를 이용하며 조리 시 너무 장시간 끓이면 콜라겐의 분해가 많이 일어나 육질이 매우 연해져 고기의 씹는 맛이 없어진다.

③ 장조림

장조림용은 결체조직이 적은 홍두깨살, 대접살, 우둔 등이 적합하며, 근섬유 조직이 길어서 잘 찢어지는 장점이 있다.

장조림은 끓는 물에 고기를 넣고 단백질을 응고시킨 후 간장과 설탕을 넣어야 부드럽고 맛있는 장조림이 된다. 간장과 설탕을 처음부터 넣고 조리를 하면 탈수작용으로 수분이 감소하고 질겨진다.

④ 편육

편육은 물이 끓을 때 고기를 넣어야 표면이 응고되어 맛 성분이 유출되지 않는다. 특히 돼지고기는 찬물에서 삶게 되면 고기의 색이 좋지 않으므로 끓는 물에 삶는다. 삶은 고기는 뜨거울 때 눌러 놓아야 결체조직이 치밀하게 결합하여 형태를 유지하므로 식은 후 썰기가 편하다. 편육 시 고기의 냄새 제거를 위해 생강을 이용하는데 단백질이 응고 후 첨가해야 효력이 있다. 편육은 공기 중에 오래 방치해두면 딱딱해지고 수분감소로 인해 건조하여 맛이 없어진다.

2) 건열조리

구이나 스테이크는 물 없이 직접 또는 간접으로 열을 가하여 조리하는 방법으로 결합조직이 적고 마블링이 잘 되어 있는 등심, 안심, 채끝살 등이 조리에 적합하다.

① 구이

등심, 안심, 채끝의 부위가 적당하며 오븐구이, 숯불구이, 팬구이 등의 조리법이 있다. 구이는 열에 의해 고기 표면의 단백질이 응고되어 고기 육즙의 용출을 막아 맛이 좋아진다. 고기 내부의 익은 정도는 손으로 눌러 보거나 온도계를 사용하기도 한다.

구이의 종류는 불고기와 너비아니 구이, 떡갈비 구이, 스테이크 등이 있다.

표 13-4 가열 정도에 따른 스테이크의 특징

가열정도	내부온도(℃)	특 징
rare	60℃	겉만 익어 갈색이며 내부는 붉은 색으로 육즙이 많은 상태
medium	71℃	표면은 회갈색이며 내부는 붉은색이 남아있는 상태
well-done	77℃	완전히 익어서 고기의 표면과 내부가 회갈색인 상태

② 볶기

볶기에 적당한 부위는 우둔이나 설도이며 볶기 전에 팬을 뜨겁게 달구어 센 불에서 단시간에 볶아야 육즙이 빠져나가지 않고 고기 색도 좋아진다.

③ 튀기기

튀김은 기름을 사용하므로 고기의 맛과 풍미가 좋아진다. 튀김 온도는 160~190℃가 적당하며 중불에서 서서히 튀긴 후 강불로 잠깐 튀겨야 바삭해진다.

3) 복합조리

① 브레이징(Braising)

질긴 고기를 팬에 앞뒤 양면을 소테한 후 두꺼운 냄비에 소량의 육수와 함께 넣어 뚜껑을 덮고 심머링(Simmering)한다.

② 스튜잉(Stewing)

스튜잉은 육류를 잘게 썰어 센불에서 색을 낸 후 재료가 잠길 정도의 소스를 넣고 걸쭉하게 끓이는 것으로 비프찹이나 커리 등이 있다.

브레이징과 스튜잉은 우리나라의 찜요리와 비슷하며, 브레이징은 큰 덩어리의 육류를 사용한다.

2. 돼지고기

돼지고기는 쇠고기에 비해 결합조직이 적고 지방 함량이 많아 비교적 연하고 부드럽다. 돼지고기는 쇠고기에 비해 지방의 융점이 낮아 섭취 시 부드럽고 소화가 잘 된다.

돼지고기의 지방량과 맛은 부위에 따라 다르므로 적합한 조리용도를 선택해야 한다. 돼지고기는 특유의 누린 냄새가 있어 생강, 마늘, 파, 후추, 바질, 정향, 감초 등 향신료를 첨가하면 냄새를 제거하는 데 효과적이다. 돼지고기를 고를 때 윤기가 있고 살이 두꺼우며 색은 옅은 색이 좋다. 이슬람교나 힌두교 및 유대교에서는 돼지를 부정한 것으로 취급하여 먹지 않는다.

톡톡 정보

- 돼지고기는 속까지 익혀 먹어야 할까

돼지고기에 감염되는 촌충은 선모충과 유구촌충이 있다. 유구촌충에 감염된 돼지고기를 섭취할 경우 신경 손상으로 인해 시각장애, 마비, 실명, 발작 등의 증세가 나타나고 심하면 사망할 수도 있다. 돼지고기의 유구촌충은 고기 중심온도가 77℃ 이상 되어야 사멸하므로 속까지 익혀 먹어야 한다.

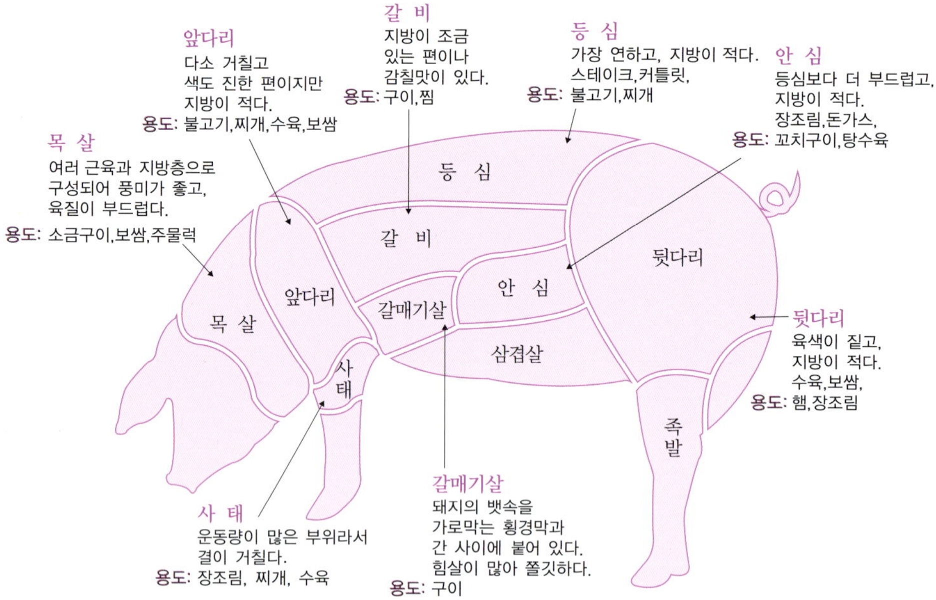

그림 13-5 돼지고기의 부위별 명칭과 용도

3. 닭고기

육류 중에 세계에서 가장 많은 민족이 섭취하고 있는 것이 닭고기이다. 닭은 부화 후 3개월 미만으로 700~1,000g의 닭을 영계라고 하며 5개월 이상을 성장닭이라 부른다.

닭은 연령과 부위에 따라 지방량과 육질이 다르므로 조리용도에 따라 적합한 것을 선택하여야 한다.

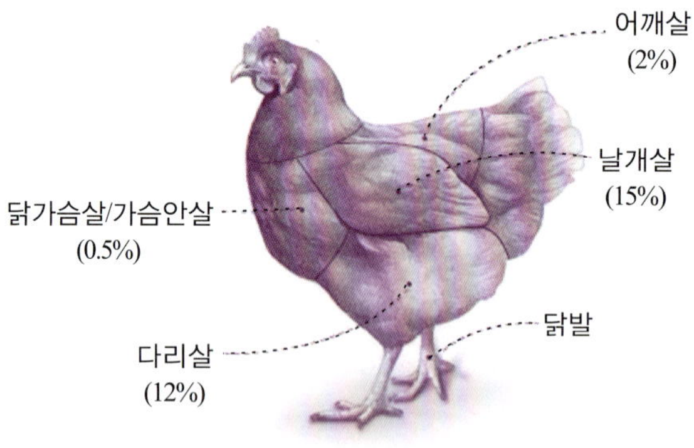

그림 13-6 닭고기의 부위별 명칭과 용도

(1) 성분

닭고기는 쇠고기에 비해 미오글로빈의 함량이 적어 색이 연하고 지방 함량 또한 적어 담백하다. 지방으로는 불포화지방산인 올레산, 리놀레산 등이 많고 글루탐산이 많아 감칠맛이 있다.

(2) 조리법

단백질이 많은 가슴살, 안심살은 색이 희고 지방이 없어 고온에서는 근육 단백질이 수축되어 퍽퍽해지므로 단시간에 조리하는 것이 좋다. 날개와 닭다리 부위는 콜라겐 함량이 많아 습열조리 시 장시간 조리한다.

튀김, 구이 등 닭고기를 껍질이나 뼈와 함께 조리 시 잘 익지 않으므로 칼집을 내거나 포크로 찔러 속까지 잘 익도록 조리해야 한다.

4. 오리고기

오리고기는 지방함량이 많은 12월~3월이 제철이며 부드럽고 풍미가 있다. 오리고기의 지방은 유익한 불포화지방산을 많이 함유하고 있어 콜레스테롤 저하작용과 고혈압 등 심혈관 질환 예방효과가 있는 것으로 알려져 있다.

오리고기는 선명한 붉은색과 탄력이 있는 것이 선선한 것이다.

5. 육류의 저장

육류는 수분과 단백질 함량이 높아 미생물에 의해 상하기 쉬우므로 냉장 또는 냉동 보관을 해야 한다.

(1) 냉장

육류를 냉장고에 보관 시 가장 차가운 위치에 저장하는 것이 좋다. 고기의 가장 좋은 저장 방법은 냉장 저장으로 물리적 변화를 최소화하는 것이다.

(2) 냉동

육류를 장시간 저장 시에는 부패를 방지하기 위해 냉동시켜야 한다. 고기를 천천히 얼리면 얼음 결정이 커지고 해동 시 육즙과 영양성분이 유출되어 고기의 맛이 없어지므로 급속 동결하는 것이 좋다. 해동할 때는 냉장고에서 서서히 해동해야 육즙의 유출이 적고 미생물의 번식도 적어진다.

Chapter 14

어패류

어패류는 해산물과 조개류 등을 포함하며 동물성 단백질의 급원식품이다. 어패류는 육류에 비해 불포화지방산이 다량 함유되어 있어 쉽게 산패하며 수분이 많아 세균의 오염을 받기 쉬우므로 신선도를 유지하는 것이 중요하다. 어패류는 어류, 연채류, 갑각류, 조개류 등이 있다.

Section 1 어패류의 분류

1. 어류(Fishes)

어류는 담수어와 해수어로 구분되는데 일반적으로 담수어보다 해수어가 지방함량이 많고 맛이 좋으며 물의 온도와 서식지에 따라 생선의 맛이 달라진다. 어류는 지방의 함량에 따라 흰살 생선과 붉은살 생선으로 분류되며 흰살 생선은 해저 깊은 곳에 살며 활동량이 적고, 붉은살 생선은 바다 표면의 가까운 곳에 살며 활동량이 많다. 계절에 따라 활동량과 지방함량이 다르므로 맛에 차이가 있다.

2. 연체류(Mollusks)

연체류는 몸에 뼈가 없고 부드러우며 마디가 없는 것이 특징이다. 문어, 오징어, 낙지, 꼴뚜기, 해파리, 해삼 등이 이에 속한다.

3. 조개류(Shellfish)

조개류는 딱딱한 껍질 안에 싸여 있으며 조직이 연하다. 대합, 굴, 소라, 백합, 우렁이, 바지락, 가리비, 전복, 홍합 등이 있다.

4. 갑각류

게, 새우, 가재 등 갑각류의 외피는 키틴질의 딱딱한 껍질로 되어있고 여러 조각의 마디로 구분되어 있다.

표 14-1 어패류의 종류

분류			종류	특징
어류	해수어	흰살 생선	가자미, 광어, 도미, 민어 등	• 지방함량이 2% 이하 • 수온이 낮고 깊은 바다에서 살며 운동량이 적음
		붉은살 생선	고등어, 꽁치, 멸치, 뱀장어, 연어, 청어	• 지방함량이 5% 이상 • 바다 표면 가까운 곳에서 활동 • 운동량이 많고 산소 공급량이 많아 미오글로빈 양도 많음
	담수어	흰살 생선	메기, 붕어, 빙어, 잉어	• 강에서 서식하고, 양식도 많이 함 • 튀김이나 매운탕에 많이 사용함
		붉은살 생선	송어	• 물이 맑고 차가운 강의 상류에 서식 • 우리나라, 중국, 러시아, 일본에 많음
연체류			꼴뚜기, 낙지, 문어, 오징어, 해삼, 해파리	• 몸에 뼈가 없고 부드러우며 마디가 없음
갑각류			가재, 게, 새우, 왕게	• 여러 조각의 마디로 구분됨
조개류			가리비, 굴, 대합, 모시조개, 바지락, 소라, 우렁, 전복, 홍합	• 딱딱한 외피에 싸여 있고, 연한 조직을 가짐

톡톡정보

• 게의 암, 수 구별 방법

게의 암컷은 배쪽의 아래 부분이 넓은 종 모양이고 수컷은 좁은 종 모양을 하고 있다. 게는 암컷이 산란 전에 알이 꽉 차고 살이 많아 맛이 있다.

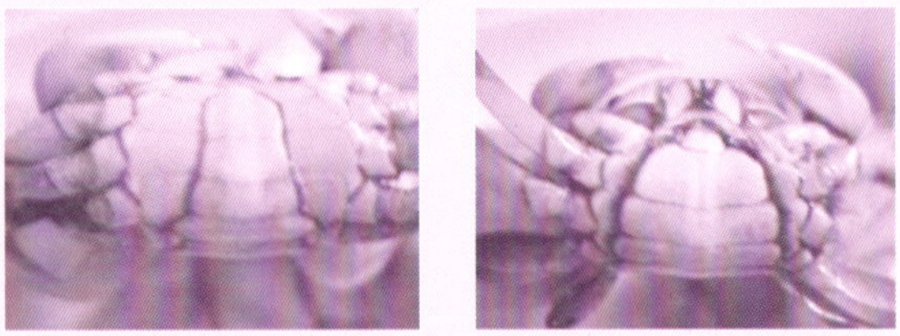

수컷 암컷

그림 14-1 게의 분류

Section 2 어패류의 성분

어패류는 수분이 약 65~85% 내외이며 단백질 15~25%, 지질 0.1~22%, 당질 0.5~1%와 비타민, 무기질로 구성된다. 어패류는 연령, 종류, 성별, 부위, 계절, 서식장소 등에 따라 성분 조성이 다르다.

어패류는 산란 직전에 지방 함량이 많아 맛이 좋으며 영양적 가치가 높다.

1. 탄수화물

어류의 탄수화물 함량은 0.2~1.0% 이하로 낮으며 글리코겐을 함유하고 있으나 갑각류와 조개류의 근육에는 글리코겐이 3~5% 함유하고 있다. 갑각류와 조개류가 단맛을 내는 이유는 글리코겐이 효소에 의해 포도당으로 분해되기 때문이며 국물맛에 좋은 영향을 준다. 또한, 어패류에 함유되어 있는 호박산이 감칠맛을 내며 특히 조개류에 많이 들어있다.

2. 단백질

어류는 보통 17~25%, 오징어, 낙지, 문어 등의 연채류는 13~20%, 조개류는 7~10%의 단백질을 함유한다. 어류는 육류에 비해 결체조직이 적어 부드럽고 소화가 잘 되지만 가열하면 잘 부스러지는 성질이 있어 주의해야 한다.

어류 단백질은 염용해성으로 생선살에 약 3%의 소금을 넣어 으깨면 생선 단백질이 녹아 엉기면서 겔을 형성하는데 이 원리를 이용하여 어묵을 제조한다.

그림 14-2 어묵의 제조공정

3. 지질

지질 함량은 어류의 종류, 성별, 연령, 산란기와 부위 등에 따라 다르다. 지방이 적은 생선은 지질 함량이 2% 이하로 광어, 명태, 조기, 흰살생선이 속하고 지방이 많은 생선은 지방함량이 5% 이상으로 고등어, 꽁치, 정어리, 연어 등의 붉은살 생선이 속한다. 어류 중에서 담수어보다 해수어가, 흰살생선보다 붉은살 생선이 지질 함량이 높다.

어류의 지질은 불포화지방산의 함량이 높으며 고도불포화지방산 중 EPA(eicosapentaenoci acid)와 DHA(docosahexaenoic acid)는 등푸른 생선에 많이 함유되어 있다. 어류의 지방은 불포화도가 높아 저장하는 과정 중 산화되기 쉬우므로 신선도 유지에 주의해야 한다.

4. 비타민과 무기질

어류에는 비타민 B_1,비타민 B_2, 니아신의 함량이 많고 지방 함량이 많은 어유와 간유에는 비타민 A와 비타민 D가 많이 함유되어 있다. 무기질은 나트륨, 칼륨, 마그네슘, 철, 구리 등이 있다. 굴, 조개류는 철분과 아연, 요오드가 많으며, 새우, 멸치, 뱅어포 등에는 칼슘 함량이 많다.

톡톡 정보

- 겨울에 굴이 더 맛이 있는 이유

  겨울철 굴은 저장성 탄수화물 성분인 글리코겐 함량이 많기 때문에 더 맛이 있고 겨울철 석화굴은 인기가 많다.

  5월, 6월, 7월, 8월은 굴의 산란시기이고 식중독에 걸리기 쉽기 때문에 먹어서는 안 되는 시기이다.

5. 맛의 성분

어패류 맛의 성분은 유리 아미노산, 글루탐산, 펩티드, 핵산관련물질, 유기산 등이 있다. 오징어, 낙지, 새우 등에는 맛성분인 타우린(taurine) 및 베타인

(betaine)을 함유하고 있어 특유의 단맛과 구수한 맛을 낸다. 조개류의 호박산은 감칠맛을 내며 계절에 따라 함량이 달라진다.

톡톡 정보

• 타우린

타우린은 새우, 오징어, 문어에 많이 함유되어 있으며, 혈중 콜레스테롤 저하, 혈압 강하, 항동맥경화 작용을 한다.

6. 색소 성분

어류의 색소는 헤모글로빈, 미오글로빈 등 수용성 단백질과 지용성의 카로티노이드로 분류된다. 보통 어류에는 육색소인 미오글로빈이 대부분이며 연어나 송어 등은 카로티노이드 색소로 인해 붉은색을 띤다. 새우나 게에 있는 아스타크산틴(astaxanthin, 회갈색)은 가열하면 붉은색의 아스타신(astacin)으로 분해되어 껍질이 빨갛게 변한다. 오징어, 문어의 먹물은 멜라닌(melanin) 색소이고, 어류 특유의 형광색은 플라빈(flavin) 색소 때문이다.

7. 냄새 성분

어류에는 트리메틸아민옥시드(trimethylamine oxide, TMAO)가 함유되어 있는데 시간이 경과하면 아가미, 내장 등 세균 효소에 의해 트리메틸아민으로 환원되어 생성되면서 생선 특유의 비린내와 신선도가 저하된다. 신선도가 떨어지면 암모니아가 생성되고 인돌, 히스타민, 황화수소, 지방산 등이 생성되어 악취를 낸다.

8. 독성 성분

어류의 독성성분의 대표적인 예로는 복어의 내장에 함유되어 있는 테트로도톡신(tetrodotoxin)으로 특히 난소에 많이 함유되어 있다.

조개류에는 섭조개의 삭시톡신(saxitoxin), 모시조개, 바지락의 베네루핀(venerupin) 등이 있다.

그 밖의 어류는 시간이 지나면 신선도가 떨어지고 부패하면서 아민류인 히스타민이 생성되는데 알레르기나 두드러기 등의 식중독을 일으키는 성분이다.

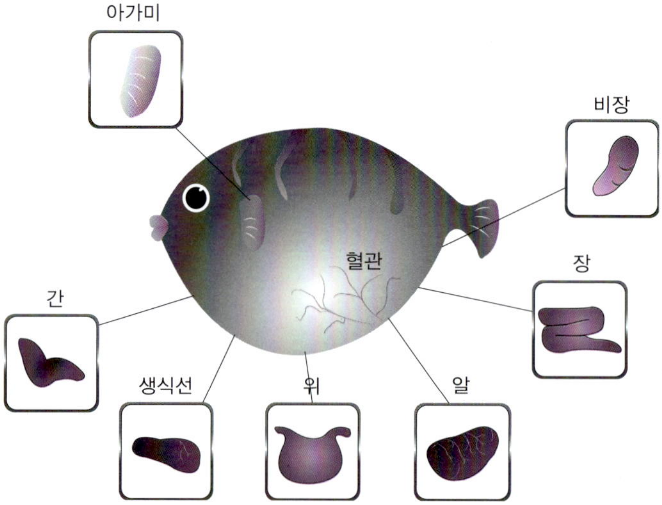

그림 14-3 복어에 독이 있는 부위

Section 3 어육의 사후 변화

1. 사후경직(death rigor)

어패류도 육류처럼 죽은 후 시간이 경과하면 경직하기 시작한다. 어패류는 육류에 비해 몸체가 작고 저장된 글리코겐의 양이 적으므로 사후경직 시간이 빠르고 지속시간이 짧다.

붉은살 생선이 흰살 생선보다 경직이 빠르고 지속 시간이 짧다.

사후경직이 끝나면 단백질의 분해효소에 의해 어육단백질이 분해되면서 자가소화가 일어난다. 어육의 자가소화는 높은 온도에서는 빨리 진행되나 낮은 온도에서는 천천히 진행된다.

2. 자가소화(autophagy)

육류와는 달리, 어류는 자가소화가 일어나면 조직이 연해지고 맛과 풍미가 저하되어 부패되기 쉬운 상태가 된다. 따라서 어류는 자가소화가 일어나기 전인 경직상태에서 조리하도록 한다.

어류의 부패속도는 생선의 종류와 보관 상태, 내장의 유무에 따라 다르다. 또한 전체 생선보다 토막 친 생선이 세균오염이 더 잘 일어나므로 보관시 주의한다.

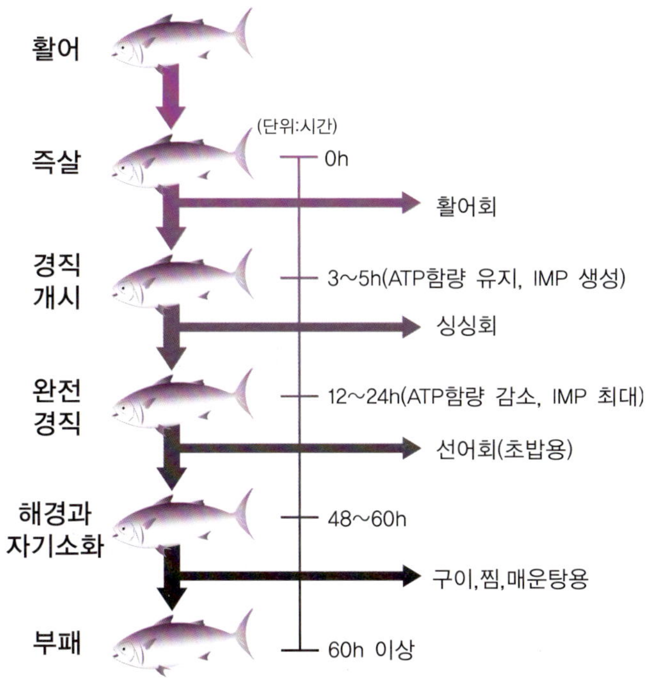

그림 14-4 어류의 자가소화

Section 4 어패류의 선도

어류의 사후변화는 육류보다 빠르게 일어나므로 신선도가 저하되고 조직이 연하여 세균의 침투가 용이하므로 변질이 쉽게 일어난다.

표 14-2 생선의 선도 판정

분 류	신선도 내용
아가미	아가미가 신선한 생선은 선명한 적색이며 불쾌한 냄새가 나지 않는다. 선도가 저하되면 점액질의 분비가 많아지고 부패취가 증가한다.
눈	안구가 외부로 돌출하고 생선의 눈이 투명하다. 선도가 저하될수록 눈이 흐리고 각막은 눈 속으로 내려앉는다.
복부	신선한 생선의 복부는 탄력성이 있다.
표면	표면비늘이 밀착되어 있고 생선 표면은 형광색의 광택이 난다.
근육	신선한 생선의 근육은 탄력성이 있고 살이 뼈에 밀착되어 있다.
냄새	신선도가 저하되면 악취, 시큼한 냄새, 암모니아 등의 냄새가 난다.

Section 5 어패류의 손질

1. 전처리

생선 비린내의 주성분인 트리메틸아민은 수용성 성분으로 생선 손질 시 물로 씻으면 불순물과 비린내를 어느 정도 제거할 수 있다. 생선을 조리용도에 맞게 자른 후 물로 씻지 않도록 한다. 이는 맛성분인 이노신산(inosinic acid)과 미오겐(myogen) 등이 유실되기 때문이다.

톡톡 정보

• 어패류의 식중독 언제 많이 발생할까

어패류의 식중독을 일으키는 대표적인 병원균은 장염비브리오균이 있다. 장염비브리오균은 세균성 식중독의 약 70%를 차지하며 6월에서 9월 사이에 조개류, 오징어, 문어 등에서 옮겨진다. 초기 증상은 복통, 식은땀, 발열, 구토, 설사를 일으키므로 여름철에는 어패류를 되도록 가열해서 섭취하도록 한다.

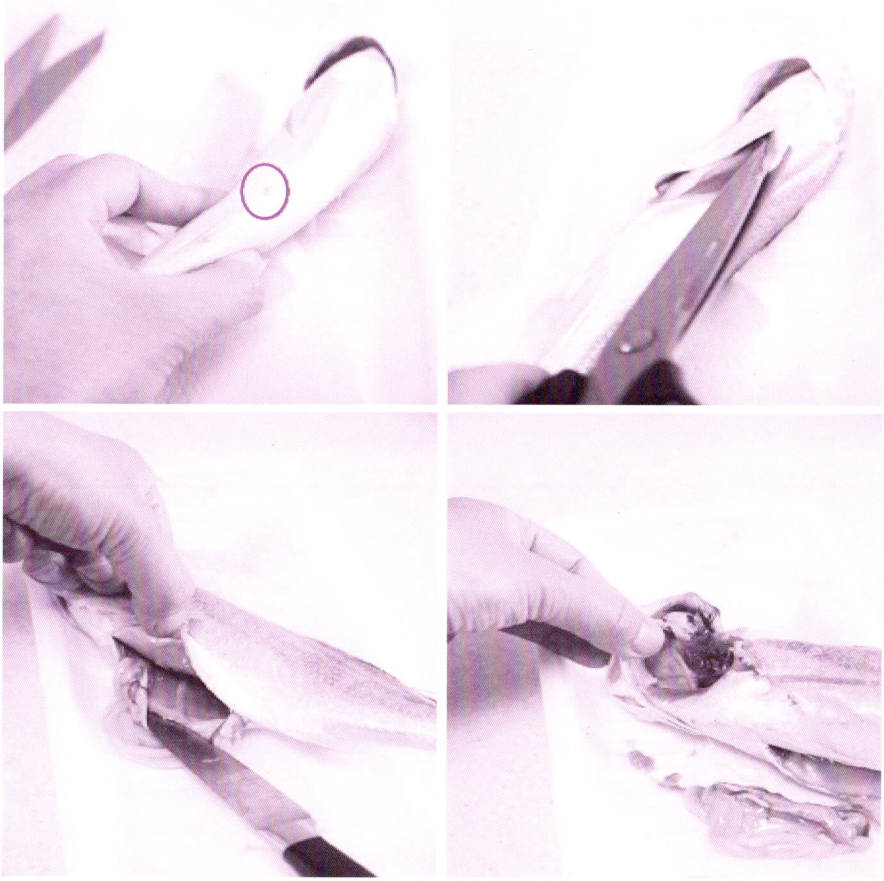

그림 14-5 생선 손질

2. 어취 제거 방법

생선의 비린내는 향이 강한 파 · 마늘 · 생강 등 향신채를 첨가하거나 술, 간장, 고추장, 된장, 우유, 식초 등을 이용하면 비린내를 억제시킬 수 있다. 생선요리를 할 때 처음부터 생강을 넣게 되면 생선 단백질이 생강의 탈취작용을 방해하므로 가열하여 생선의 단백질이 응고된 후 넣어야 어취제거에 효과가 있다.

표 14-3 어취 제거 방법

방법	효과
생선 표피를 물로 씻음	수용성인 트리메틸아민을 제거한다.
레몬즙, 식초	트리메틸아민과 결합하여 어취를 감소, 음식에 향을 향상시킨다.
마늘, 양파, 파	황화알릴류(allyl sulfides)의 황화합물을 함유하고 있어 어취를 감소시킨다.
우유에 담근다.	콜로이드 용액인 우유가 비린내를 흡착하여 어취를 제거시킨다.
무	무의 머스타드 메르캅탄(mustard mercaptan)이 어취를 억제하여 회나 조림, 찌개에 많이 사용
생강	생강의 진저론(zingerone), 진저롤(zingerol), 쇼가올(shogaol)이 미뢰를 둔화시켜 어취를 감지하지 못하게 하여 트리메틸아민을 변화시켜 어취를 감소시킨다.
파슬리, 쑥갓, 미나리, 깻잎	강한 향을 함유하고 있으므로 어취를 약화시킨다.
고추, 고추냉이, 후추	고추냉이의 알릴 이소티오시아네이트(allyl isothiocyanate), 고추의 캡사이신(capsaicin), 후추의 차비신(chavicine) 등이 미뢰를 마비시켜 어취감지를 둔화시킨다.
간장, 된장, 고추장	된장, 고추장의 콜로이드성이 어취 성분을 흡착하여 어취를 제거시킨다.
술	생선 어취가 술의 알코올 성분과 같이 휘발하여 제거시킨다.

Section 6 어패류의 조리 및 이용

어패류는 결체조직이 적어 조리 시 살이 흐트러지기 쉬우므로 생선의 형태 유지와 어취제거에 주의해야 한다. 어패류는 자가소화가 빨리 진행되어 부패되기 쉬우므로 신선한 것을 조리해야 맛이 있다.

1. 조 림

조림은 생선 속에 양념장이 배어들어 맛을 내는 조리법으로 처음부터 양념장을 넣어야 모양유지와 맛 성분이 용출된다. 신선도가 떨어진 생선을 이용할 경우 비린내와 씁쓸한 맛이 나므로 양념을 많이 넣는다. 흰살생선은 지방 함량이 적고 살이 연하여 담백하기 때문에 양념국물이 끓기 시작할 때 생선을 넣고 가열하면 생선 표면의 단백질이 응고하여 모양을 유지해 주고 골고루 양념이 배어 맛이 좋아진다. 조림 시 처음에는 뚜껑을 열고 끓이다가 후에 뚜껑을 덮고 끓여야 비린내가 덜 난다.

2. 찌 개

생선찌개는 비린내가 적고 살이 단단한 흰살 생선을 이용하는 것이 좋으며 우럭, 대구, 생태, 민어, 조기 등이 많이 사용된다. 생선찌개를 끓일 때에는 반드시 국물이 끓을 때 생선을 넣어야 생선살이 단단하고 흐트러지지 않으며 국물 맛이 좋다.

3. 구 이

구이는 조미하는 방법에 따라 소금구이와 양념구이가 있다. 소금구이는 신선도가 높은 것을 선택해야 하며 2% 정도의 소금을 뿌리면 삼투압작용에 의해 살이 단단해지고 어취 성분인 트리메틸아민이 용출되어 비린내도 감소한다.

양념구이는 주로 지방함량이 많은 생선이 적당하며 생선을 어느 정도 구운 후 양념장을 발라가며 굽는다. 생선 단백질은 50~60℃ 전후에서 응고하므로 너무 강한 불에 굽지 않는 것이 좋다. 석쇠를 이용한 생선구이는 석쇠를 먼저 가열한 후 생선을 놓아야 석쇠에 생선살이 달라붙지 않는다.

4. 전

생선 전에는 민어, 대구, 광어, 동태 등 흰살 생선을 주로 사용한다. 손질한 생선은 수분을 충분히 제거하고 소금, 후춧가루로 밑간을 한 후 밀가루를 묻혀 털어내고 달걀물을 묻혀 팬에 지진다. 지질 때는 안쪽을 먼저 지지는 것이 좋다.

5. 튀 김

튀김은 지방함량이 적은 흰살 생선이 적합하며 생선 비린내가 적고 작은가시까지 먹을 수 있는 조리법이다. 튀김은 그냥 튀기는 방법과 튀김옷을 입혀 튀기는 방법이 있다. 튀김용 밀가루는 글루텐 함량이 적은 박력분을 사용하는 것이 좋다.

6. 가공품

어패류를 이용한 가공품은 건제품, 냉동품, 염장품, 훈제품, 통조림, 병조림 등이 있다. 부패하기 쉬운 어패류를 가공하게 되면 저장기간이 길어지고 운송이 편리하며 계절과 관계없이 먹을 수 있는 장점이 있다.

Section 7 어패류의 저장

1. 건 조

어패류를 건조시켜 이용한 북어, 건오징어, 굴비, 멸치, 홍합, 조개, 문어 등 다양하다. 건어물은 조리하기 전에 쌀뜨물에 하루 동안 담가 둔 후 조리하면 쌀뜨물의 무기질이나 기타 영양성분이 건어물과의 삼투압 차이를 감소시켜 맛 성분의 유출을 막아준다.

2. 냉 장

신선한 생선은 구입 후 바로 조리하고, 냉장된 생선은 2~3일 내에 조리해야 한다. 어패류의 냉장, 냉동 시에는 생선취가 다른 음식에 전달되지 않도록 잘 포장해서 보관한다.

3. 냉 동

냉동어류 구입시에는 단단히 얼어 있는 것을 구입하고 조리할 때까지 냉동상태로 보관하며 해동한 어류는 다시 재냉동을 하지 않도록 한다. 냉동한 것은 −18℃ 이하에 6개월 이상 저장하지 않는다.

4. 염 장

생선을 소금으로 절여서 저장해 두는 것을 '자반'이라 하며 종류로는 자반고등어, 자반삼치, 자반전갱이, 자반가자미, 자반전어 등이 있다.

톡톡 정보

• 명태의 변신

이름	특징
생태	얼리지 않은 것
북어	말려서 수분이 빠진 것
코다리	반쯤 말린 것
동태	겨울철에 잡아 얼린 것
명태	산란기 중에 잡은 것
황태	얼리고 말리는 과정을 반복해서 가공한 것
노가리	명태의 새끼
명란젓	명태알을 사용하여 만든 젓갈
창란젓	명태의 내장

Chapter 15

달 걀

식용 가능한 알류는 달걀, 메추리알, 오리알, 칠면조알, 타조알, 거위알 등이 있으며 그 중에 달걀이 가장 많이 이용되고 있다. 달걀은 필수아미노산이 골고루 함유된 단백질 급원 식품으로 영양적 가치가 높고 조리에 많이 사용되며, 유화성, 응고성, 기포성, 고명 등의 기능을 한다.

톡톡정보

- **유정란과 무정란**

  유정란은 수탉과의 교미를 통해 병아리로 부화될 수 있는 달걀을 말하며 무정란은 암탉의 난소에서 스스로 난황이 만들어지므로 병아리가 부화되지 않는다. 유정란이 점도가 높고 단단하며 비린맛이 적다.

Section 1 달걀의 구조

달걀은 난각, 난각막, 난백, 난황, 알끈으로 구성되어 있다.
보통 달걀은 40~70g이며 껍질이 10%, 난백 60%, 난황 30%로 구성되어 있다.

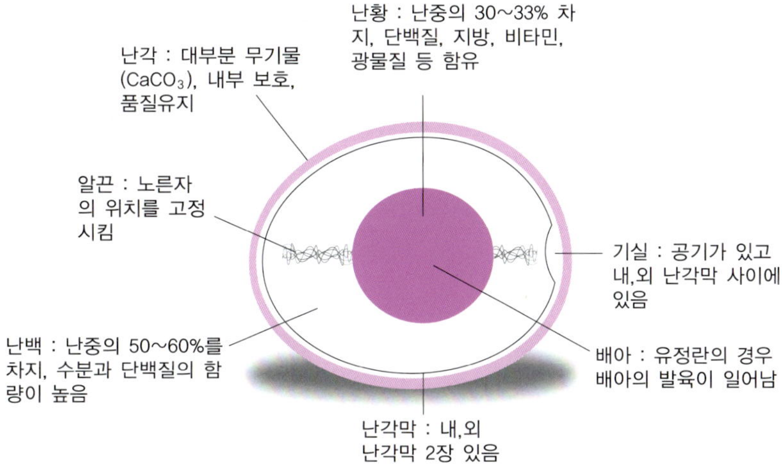

그림 15-1 달걀의 구조

〈우리나라의 달걀 등급 기준〉

특란 : 61g 이상

대란 : 55~60g

중란 : 48~54g

소란 : 42~47g

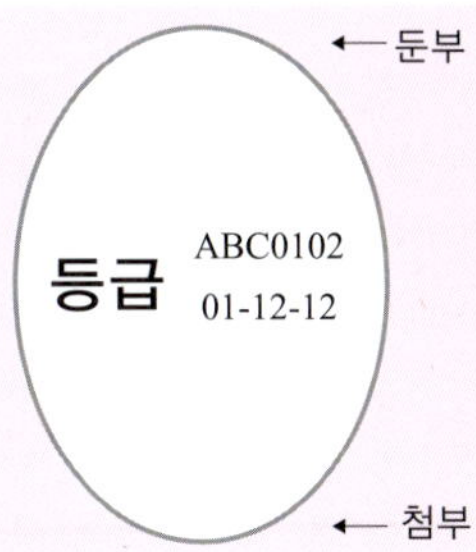

범 례	
등급	등급판정 확인표시
ABC	집하장명(영문 3자리)
01	생산자번호(숫자 2자리)
02	계군번호(숫자 2자리)
01-12-12	등급판정 년월일 순서

1. 난 각(egg shell)

난각은 95% 정도가 탄산칼슘($CaCO_3$)으로 구성되어 있고 많은 기공이 있어 공기의 유통, 수분의 증발 등을 조절한다. 신선한 달걀은 표면이 까슬까슬한데 이는 난각의 큐티클(cuticle)이 있어 세균의 침입을 막아준다. 그러나 신선도가 떨어질수록 큐티클이 벗겨져 세균침입이 용이해지면서 부패되기 쉬우므로 신선도 판별의 지표가 된다.

2. 난 백(egg white)

난백은 투명하고 점도가 높으며 달걀의 약 60%를 차지한다. 난백은 점도가 높은 농후난백, 점도가 낮은 수양난백으로 나눌 수 있으며 외부로부터 세균의 침입

방지와 충격으로부터 난황과 배반을 보호한다. 신선한 달걀의 난백은 농후난백이 57.3%, 외수양난백이 23.2%, 내수양난백이 16.8%로 구성되어 있다. 산란 직후에는 농후난백의 함량이 많아 점도가 높고 탄력이 있지만 시간이 지날수록 단백질 효소의 작용으로 자가소화가 일어나 수양난백으로 변한다.

3. 난 황

난황은 달걀의 약 30%를 차지하며 얇은 비텔린(vitelline)막으로 싸여있다. 오래된 달걀의 난황은 난백 주변의 수분을 흡수하여 부피가 커지고 퍼짐으로써 약해져 쉽게 터진다. 난황의 색은 카로티노이드 색소에 기인하며 사료에 의해 영향을 받는다.

Section 2 달걀의 성분

1. 수 분

달걀의 전체 수분함량은 76%이며 난백은 88%가 수분이고 나머지는 고형분이다. 난황은 51%가 수분이고 나머지가 고형물로 구성되어 있다.

2. 단백질

달걀 단백질은 필수아미노산이 질적, 양적으로 모두 함유되어 있어 단백가가 높고 영양적 가치가 높다.

난백의 단백질 함량은 10%로 오브알부민(ovalbumin)이 대부분이며 콘알부민(conalbumin), 오보뮤코이드(ovomucoid), 오보글로불린(ovoglobulin), 오보뮤신(ovomucin), 리소자임(lysozyme), 아비딘(avidin) 등으로 구성되어 있다. 난황의 단백질은 비텔린(vitellin), 비텔리닌(vitellinin), 리포비텔린(lipovitellin), 리포비텔리닌(lipovitellinin) 등으로 구성되어 있다.

3. 지 질

난백에는 지질이 거의 없고 난황에 30% 정도가 있다. 그 중 10%가 인지질이고 주로 레시틴과 세파린으로 구성되어 있다. 난황의 유화성은 인지질인 레시틴에 의한다.

달걀의 지방산 중 올레산(oleic acid)이 가장 많고, 필수지방산인 리놀레산(linoleic acid), 리놀렌산(linoleric acid), 아라키돈산(arachidonic acid)이 풍부하게 함유되어 있다. 그 밖에 난황에는 중성지질과 인지질, 콜레스테롤이 함유되어 있으며 난황 1개에는 약 240 mg의 콜레스테롤이 들어 있다.

표 15-1 달걀의 영양성분

계란 1개(50g)

구 성	알 전 체	흰 자	노 른 자
무게 (g)	50,000	33,000	17,000
수분 (%)	73,700	87,600	51,100
열량 (C)	79,900	15,700	63,700
단백질 (g)	6,450	3,600	2,720
지방 전지질 (g)	5,750	Tr	5,750
전포화지방산 (g)	1,650	-	1,650
올레산 (g)	3,300	-	3,300
리놀레산 (g)	2,200	-	2,200
콜레스테롤 (mg)	0,500	-	0,500
탄수화물 (g)	230,000	0,000	230,000
섬유질 (g)	0,360	0,264	0,100
회분 (g)	0,000	0,000	0,000
칼슘 (mg)	0,500	0,231	0,289
철 (mg)	27,000	2,970	23,970
마그네슘 (mg)	1,150	0,033	1,117
인 (mg)	5,500	2,970	2,720
칼륨 (mg)	102,500	4,950	96,730
나트륨 (mg)	64,500	45,870	16,660
비타민A (IU)	61,000	48,180	8,840
아스코르브산 (mg)	590,000	0,000	590,000
콜린 (mg)	0,000	0,000	0,000
이노시틀 (mg)	253,000	0,400	253,000
니아신 (mg)	16,500	-	-
리보플라빈 (mg)	0,050	0,033	0,017
티아민 (mg)	0,150	0,089	0,076
	0,055	-	0,037

4. 비타민 및 무기질

난백에는 티아민(thiamine), 리보플라빈(riboflavin), 판토텐산(pantothenic acid), 니아신(niacin) 등이 풍부하며 난황에는 비타민 A, D, 티아민(thiamine), 리보플라빈(riboflavin)이 풍부하다. 무기질은 약 1% 정도 함유되어 있으며 인, 철분이 풍부하다. 난황에 들어있는 철분은 체내 이용가치가 높아 아기의 이유시기, 청소년 성장기, 여성들에게 유용하다.

5. 색소

신선한 달걀은 유백색이며 광택이 있는 담황색으로 리보플라빈, 카로티노이드계 색소에 의한다. 카로티노이드계는 지용성 색소로서 품종, 영양, 사료에 의해 영향을 받는다. 난황의 색이 진한 것은 카로티노이드계의 황색색소가 많기 때문이며 색이 진할수록 영양가가 높은 것은 아니다.

Section 3 달걀의 특성

달걀은 영양적으로 우수할 뿐만 아니라 조리 및 가공에도 이용가치가 매우 높다.

1. 응고성

달걀은 열에 의해 응고되며 산, 알칼리, 염, 교반 등에 의해서도 응고되는데 단백질의 변성에 의해서 일어나는 현상이다. 난백은 60℃에서 응고하기 시작하여 65℃에서는 완전히 응고되고, 난황은 65℃에서 응고하기 시작하여 70℃에서 완전히 응고된다. 달걀은 100℃의 높은 온도에서 장시간 가열하면 수축으로 인해 질감이 단단해지지만 낮은 온도에서 가열하게 되면 부드러워진다. 콩소메(consomme)를 만들 때 난백의 거품을 내어 사용하면 부산물이 난백거품에 포집되어 같이 응고되면서 국물을 맑게 해주는 청정제 역할을 한다.

달걀을 삶을 때 산을 첨가하면 낮은 온도에서도 빨리 응고되며 단단하게 된다. 알찜, 커스터드, 푸딩 등을 만들 때 우유를 첨가하면 우유의 칼슘 이온이 열응고를 촉진시키는 역할을 한다.

톡톡 정보

• 달걀찜에 구멍이 생기는 이유

고온에서 단백질이 응고되면 단단한 망상구조가 만들어지고 그 사이의 수분이 기화되면서 난액 중의 기체가 팽창되기 때문이다.

2. 기포성

난백을 저으면 기포가 생기는데 이것은 난백에 들어있는 오보글로불린(ovoglobulin)과 오보뮤신(ovomucin), 콘알부민(conalbumin)의 단백질막이 유입된 공기를 둘러싸기 때문이다. 기포 형성은 여러 가지 식품의 팽장제로서 음식의 질감을 부드럽게 하고 결정의 형성을 방지할 때 사용된다. 난백의 기포성을 높이기 위해서는 표면장력과 점도가 낮아야 하며, 거품의 안정성을 유지하기 위해서는 점성이 높아야 한다. 난백의 기포성에 영향을 주는 요인은 다음과 같다.

(1) 난백의 상태

수양난백은 점성이 낮아 기포형성은 잘 되지만 안정성은 떨어진다. 농후난백은 기포형성은 어렵지만 기포형성 후 안정성이 높다. 신선한 달걀보다 산란 후 1~2주 정도 지난 달걀, 실온에서 보관한 달걀이 거품 형성이 잘 된다.

(2) 온도

난백의 온도가 30℃ 정도일 때 표면장력이 저하되어 기포형성이 잘 된다. 따라서 냉장고에 보관된 달걀을 실온에 두었다가 기포를 내는 것이 좋다. 난백의 온도가 10℃ 정도로 낮으면 점도가 높아 기포 형성이 느리지만 충분하게 저어주면 탄력있는 기포가 형성된다.

(3) pH

난백은 주요 단백질인 오브알부민(ovalbumin)의 pH 4.8인 등전점 부근에서 거품은 안정되고 기포형성이 잘 되므로 거품이 어느 정도 형성되었을 때 소량의 산을 첨가하여 pH를 등전점 부근으로 낮추면 기포형성과 안정성이 증가한다. 만일 난백을 교반하기 전에 산을 첨가하면 응고되므로 주의해야 한다.

(4) 첨가물

설탕은 점도를 높여 기포성을 떨어뜨리지만 형성된 기포막을 부드럽게 만들며 광택이 있고 안정성 있는 거품을 형성할 수 있다. 하지만 설탕을 미리 첨가하게 되면 거품형성 시간이 길어질 수 있으므로 거품을 형성시킨 후 설탕을 첨가하는 것이 좋다.

지방은 기포의 형성을 방해하므로 난백에 난황이 들어가지 않도록 한다.

우유를 소량 첨가 시 기포형성을 방해하고 소금은 표면변성을 촉진시켜 거품의 안정성이 감소한다.

소금은 기포형성과 안정성을 저하시킨다.

(5) 거품기의 종류

거품기의 날이 가늘수록 미세하고 안정된 기포가 생긴다. 교반기는 수동교반기와 전동교반기가 있으며, 수동교반기를 사용하면 기포의 크기가 일정하지 않고 굵어지며, 전동교반기를 사용하면 기포가 미세하고 일정한 기포를 얻을 수 있다.

3. 유화성(乳化性)

난황은 천연의 유화제로서 친수기와 친유기를 함께 갖고 있어 분산상의 계면 보호막이 되어 유화액의 안정성을 유지해 준다. 난황의 유화성은 주로 레시틴으로 마요네즈를 만들 때 중요한 역할을 한다. 카스텔라(castella), 케이크(cake) 제조 시 난황의 레시틴(lecithin)은 유화성과 보수성 작용으로 부드러운 조직감을 갖게 해준다.

4. 난황의 녹변현상

달걀은 100℃ 끓는 물에 15분 이상 가열하면 난황의 주위가 암녹색으로 변색이 된다. 이것은 난백에서 생성된 황화수소가 난황쪽으로 이동하여 난황의 철과 결합하면서 암녹색의 황화제1철(FeS)을 형성하게 된다. 달걀이 신선하지 않으면 pH가 증가하여 녹변현상이 더 빨리 진행된다.

난황의 온도를 70℃ 정도로 낮게 유지하면 황화철이 생성되지 않으며 달걀을 삶은 후 바로 찬물에 식히면 변색을 방지할 수 있다.

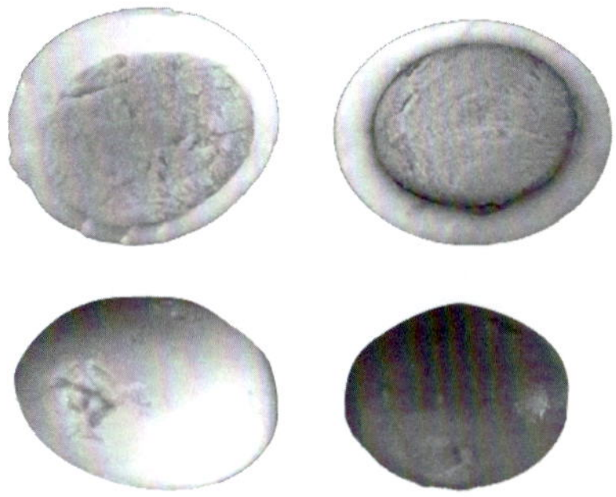

그림 15-2 난황의 녹변

Section 4 달걀의 조리 및 이용

1. 삶은 달걀

달걀은 98~100℃에서 12분간 삶아야 완숙이 되며, 15분 이상 가열 시 난황 주위에 녹변현상이 생길 수 있으므로 주의해야 한다. 달걀을 삶을 때 껍질이 깨지는 이유는 삶는 과정 중 달걀이 조리도구에 부딪히거나 냉장보관한 차가운 달걀을 뜨거운 물속에 넣을 때 껍질이 팽창하기 때문이다.

톡톡 정보

• 달걀 껍질을 잘 벗기는 방법

달걀이 신선할수록 난각막이 난백에 밀착되어 껍질을 벗기기가 힘들다. 달걀을 삶은 즉시 냉수에 담그면 난백과 난황의 부피가 수축되고 껍질과의 사이에 미세한 공간이 생겨 껍질이 잘 벗겨진다.

2. 달걀찜

달걀에 액체를 넣는 정도, 첨가물에 따라 조직감과 응고시간이 달라진다.

달걀찜에 소금을 넣으면 작은 기공이 발달하여 단단한 질감을 나타내는 반면 새우젓을 첨가하면 새우젓에 있는 단백질 분해효소에 의해 큰 기공이 발달하여 더욱 부드러운 질감을 가진다.

3. 커스터드(Custard)

달걀을 잘 푼 다음 설탕, 소금, 우유, 바닐라 향을 넣고 180℃ 오븐에서 굽거나 중탕하여 익힌 것으로, 달걀 단백질의 열 응고성에 의해 걸쭉하고 부드러운 질감을 갖는다.

4. 스크램블 에그(Scrambled eggs)

버터나 기름을 두른 팬에 달걀, 우유 또는 크림 등을 넣고 저으면서 익힌 것으로 부드럽고 촉촉한 질감을 갖도록 하며, 뜨거울 때 먹는 것이 좋다. 높은 온도에서 급속히 익힌 스크램블 에그는 뻣뻣하고 건조한 질감이 형성되므로 주의해야 한다.

5. 오믈렛(Omelet)

기름을 두른 오믈렛 팬에 달걀을 풀어 럭비공 모양으로 만든 것으로 기호에 따라 속에 치즈, 햄, 피망, 양송이 버섯 등을 다져 넣어 만들기도 한다.

6. 머 랭(Meringue)

머랭은 거품을 낸 난백에 설탕과 바닐라 향을 섞어 강하게 거품을 낸 것을 머랭이라고 하며 부드러운 것과 단단한 것의 두 종류가 있다. 부드러운 머랭은 파이나 푸딩에, 단단한 머랭은 바삭바삭한 쿠키로 사용한다.

Section 5 달걀의 품질 평가

달걀의 신선도 평가는 외관판정법, 투광판정법, 내용물에 의한 판정법, 비중법 등이 있다.

1. 외관판정법

외관검사는 달걀의 외관, 달걀의 형태, 껍질의 광택 등의 상태를 육안으로 검사하는데 껍질이 꺼칠꺼칠하며, 흔들어서 소리가 나지 않는 것이 신선하다.

2. 투광판정법

달걀을 광선에 비추면 난각은 광선을 투과하여 기실의 크기, 난황의 위치와 크기, 이물질의 혼입, 난백의 상태를 검사한다. 신선한 달걀은 기질의 크기가 작으며 난황은 둥글고 탄력이 있으나 오래된 달걀은 기실이 크고 난황은 둥근 모양이 좀 퍼져있다.

3. 내용물에 의한 판정법

난황계수는 난황의 퍼짐 상태의 정도를 판정하는 것이다. 신선한 달걀의 난황계수는 0.36~0.44이며 오래될수록 난황계수가 작아진다. 난백계수는 깨뜨린 후 난백의 높이를 평균직경으로 나눈 것으로 신선한 달걀의 경우 0.14~0.17이다.

$$\text{난황계수(yok indes)} : \frac{\text{난황의 높이(mm)}}{\text{난황의 지름(mm)}}$$

$$\text{난백의 계수(albumin index)} : \frac{\text{난백의 높이(mm)}}{\text{난백의 평균 지름(mm)}}$$

톡톡 정보

달걀의 중량

- 68g 이상 - 왕란
- 60~67g - 특란
- 55~59g - 대란
- 44~51g 이상 - 중란
- 44g 미만 - 소란

자료 : 축산물 등급 판정소 기준

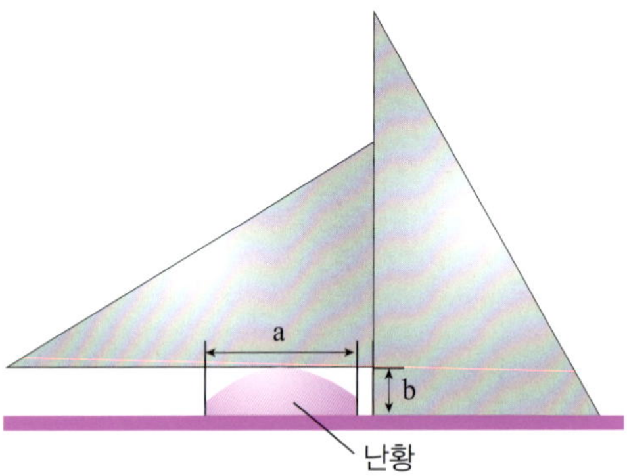

$$\text{난황계수} = \frac{\text{난황의 높이}}{\text{난황의 지름}} = \frac{b}{a}$$

그림 15-3 난황계수 측정 방법

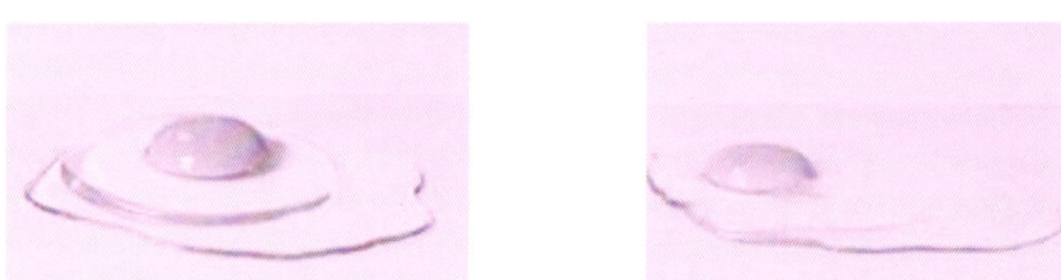

신선도가 높은 계란　　신선도가 낮은 계란

그림 15-4 달걀의 신선도

4. 비중법

10%의 소금물에 달걀을 껍질째 넣는 것으로 신선한 달걀의 비중은 1.08~1.09로 밑바닥에 수평으로 가라앉으나 오래될수록 기실의 형성으로 인해 달걀이 위로 뜨게 된다.

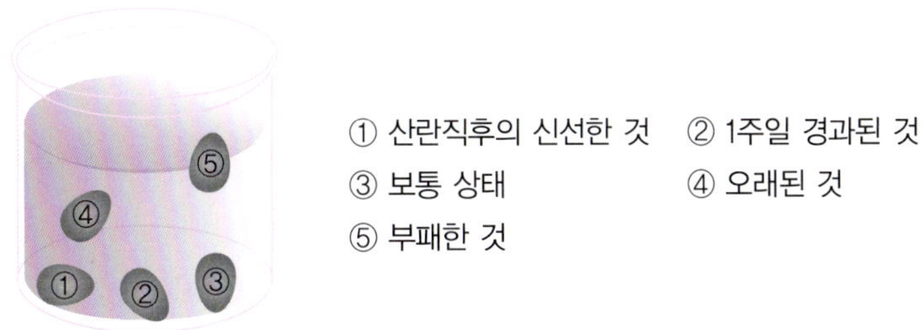

그림 15-5 비중에 의한 달걀의 선도판정

Section 6 달걀의 저장

달걀 껍질에는 10,000개 정도의 기공이 있다. 기공은 둥근 둔단부에 주로 많으므로 뾰족한 첨단부를 밑으로, 둥근 둔단부를 위로 가게 해서 보관하면 기공을 막지 않아 호흡과 탄산가스가 잘 배출되어 신선도가 유지된다. 달걀은 산란 후 시간이 경과하면 pH의 감소, 수분증발, 농후난백의 수양화 등의 현상이 일어난다.

1. 냉장법

달걀에서 가장 문제가 되는 살모넬라균은 71℃ 이상 또는 5℃ 이하에서는 번식을 하지 않는다. 미생물 번식 방지와 신선도 유지를 위해 5℃ 이하의 냉장보관이 필요하다.

2. 냉동법

달걀을 냉동하면 미생물의 성장을 최소한으로 억제할 수 있으므로 달걀을 −25℃~−30℃에서 달걀을 깨뜨려 냉동 보관한다. 냉동란은 제과점에서 많이 사용한다.

3. 건조법

저장성을 높게 하기 위한 방법으로 전란 또는 난백과 난황을 분리한 후 저온 살균하여 건조시킨다. 달걀을 건조시키면 저장, 운송, 공간이용이 적은 장점이 있지만, 달걀의 기능성, 맛, 향 등이 손상되고, 미생물 오염에 노출되기 쉬운 단점이 있으므로 반드시 익히도록 한다. 건조한 분말은 습기를 쉽게 흡입하여 변질되기 쉬우므로 밀봉하여 냉장고에 저장해야 한다.

Chapter 16

우유 및 유제품

우유는 생명을 유지하는데 필요한 필수아미노산과 칼슘, 인, 리보플라빈 등을 골고루 함유한 완전식품에 가까우나 철분, 비타민 C, 식이섬유질 등은 부족하다.

동물의 젖은 우유, 산양유, 양유, 낙타유 등이 있으며 이 중 우유가 가장 많이 이용된다.

Section 1 우유의 성분

우유의 성분조성은 소의 종류, 사료, 환경조건, 연령, 계절에 따라 다르다. 우유의 수분함량은 87~88%이며 지방 3~4%, 단백질 3~4%, 유당 4.0~5.5%, 무기질은 약 1%로 구성되어 있다.

1. 단백질

우유의 단백질은 완전단백질로 성장과 생명유지에 필요한 필수아미노산들을 함유하고 있다. 우유 단백질은 약 80%가 카세인(casein)이며 그 밖에 유청단백질(whey protein)을 함유하는데 락토알부민(lactoalbumin)과 락토글로불린(lactoglobulin)으로 구성되어 있다.

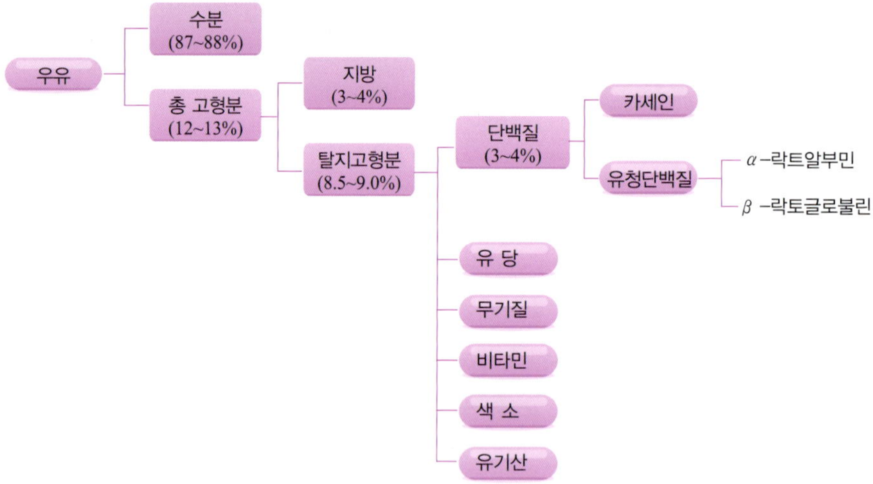

그림 16-1 우유의 성분 조성

(1) 카세인

카세인(casein)은 칼슘과 인이 결합된 복합체이며 안정된 콜로이드 형태를 이루고 있다. 카세인은 우유 단백질의 80%를 차지하고 있으며 산이나 레닌, 효소, 폴리페놀 화합물 등에 의해 응고되지만 열에 안정하여 응고되지 않는다.

(2) 유청단백질

유청단백질은 우유 단백질의 20% 정도를 차지하며 카세인이 응고된 후 남아 있는 단백질로 α-락토알부민(α-lactoalbumin), β-락토글로불린(β-lactoglobulin), 면역 글로불린, 혈청알부민 등이 있다. 유청단백질은 산 또는 레닌에 의해 응고되지 않으나 약 65℃ 이상의 가열에 의해 응고되면서 피막을 형성하고 바닥에 침전물이 생긴다.

3. 지방

우유는 지방을 3~4% 함유하며 그 중 포화지방산이 60~70%, 나머지는 불포화지방산이다. 우유는 유제품의 풍미나 입안의 촉감, 우유의 안정성에 관여한다.

우유는 탄소수가 짧은 저급지방산으로 소화, 흡수가 잘되고 우유와 유제품에 독특한 향미를 주지만 리파아제(lipase)의 효소작용으로 유리지방산이 생성되면 이취가 나타나 품질을 떨어뜨리는 원인이 된다.

지방함량이 많을수록 우유의 농도가 진해지고 맛도 좋아지므로 우유의 품질을 결정한다.

3. 탄수화물

우유의 탄수화물 중 유당이 99%이며 포유동물의 젖 속에서만 존재한다. 유당은 칼슘흡수율을 높이고 정장효과를 가지며 젖산균을 생성하여 요구르트 등 유제품을 만든다. 유당은 단맛이 적고 용해도가 낮아 결정화가 잘 되므로 아이스크림 제조 시 주의해야 한다.

특히 분유를 저장 시 결정화가 잘 되어 덩어리지기 쉬우므로 밀봉하여 보관해야 한다.

4. 비타민과 무기질

우유는 칼슘의 좋은 급원식품이며 마그네슘, 나트륨, 칼륨 등의 무기질이 비교적 풍부하나 철, 구리가 적게 함유되어 있다. 비타민 A, D, 리보플라빈, 니아신 등의 비타민이 함유되어 있으나 비타민 C, E는 부족하다. 비타민 A는 카로틴 형태로 존재하며 우유의 색에 관여한다.

5. 우유의 색

우유의 색은 카세인과 칼슘복합체, 리보플라빈, 지방 등이 콜로이드 용액으로 분산된 것이 광선에 반사되어 유백색을 형성한다. 유백색 이외의 황색은 카로티노이드 색소 때문이며 소의 사료, 종류, 환경조건에 따라 달라진다. 또한 버터나 치즈의 색에도 영향을 미친다.

Section 2 우유의 조리 특성

① 요리를 희게 한다.

수프, 화이트소스, 크림 등에 우유를 사용하면 음식의 색을 희게 하고 매끄러운 감촉과 향을 준다.

② 단백질의 겔(gel) 강도를 높여준다.

달걀에 우유를 넣고 가열하면 단백질의 겔화를 용이하게 하고 겔 강도를 높여준다.

③ 생선 비린내를 흡착한다.

우유중에 카세인이나 미세한 지방구가 함유되어 있어 여러 가지 이물질을 흡착하여 청정제 역할을 한다.

1. 가열에 의한 변화

(1) 유청단백질의 응고

유청단백질인 α-락트알부민, β-락트글로불린은 63℃ 이상 열에 의해 응고된다.

(2) 피막형성

우유를 40℃ 이상으로 가열하게 되면 우유 표면에 피막이 형성되는데 처음에는 얇은 막이 형성되면서 점차 두꺼워진다. 우유의 작은 지방구가 열에 의해 지방층을 형성하면서 유청단백질과 결합하여 피막이 형성된다. 피막성분의 70% 이상이 지방이고, 나머지는 유청단백질이며 피막 제거 시 영양 손실이 일어난다. 우유의 피막을 방지하기 위해서는 뚜껑을 덮고 가열하는 방법, 우유를 저으면서 가열하거나 중탕하는 방법, 우유를 희석하는 방법 등이 있다.

(3) 갈변현상

우유를 고온에서 장시간 가열하면 갈변이 일어나는데 이는 단백질의 아미노산과 유당에 의해 마이야르 반응이 일어나 갈색물질이 생성되며 120℃에서 5분 이상 가열하면 쉽게 일어난다.

(4) 향미의 변화

우유를 70℃에서 15분 이상 가열하게 되면 익은 냄새(cook flavor)가 나는데 이는 유청 단백질 중 β-락토글로불린과 지방구의 열변성에 의해 생성된 휘발성 황화물과 황화수소(SH)에 의해 일어나는 현상이다.

2. 우유의 응고

(1) 산에 의한 응고

카세인 등전점은 pH 4.6인데 산을 첨가하거나 자체적으로 형성된 젖산으로 인해 등전점에 가깝게 되면서 응고물이 형성된다.

채소나 과일에는 유기산이 함유되어 있어 우유와 함께 조리를 하면 응고를 촉진시킨다.

톡톡 정보

- **토마토 크림수프 조리 시 응고물이 생기지 않게 하는 방법**

  밀가루와 우유로 화이트소스를 만든 후 토마토를 첨가하게 되면 밀가루의 글루텐과 호화된 전분이 보호막으로 작용하여 응고를 막아준다.

(2) 레닌에 의한 응고

송아지나 유아의 위액에 함유되어 있는 레닌(rennin)에 의해 카세인이 응고된다. 우유의 카세인은 응유효소인 레닌에 의해 수용성인 파라카세인(paracasein)이 되었다가 칼슘이온과 결합하여 불용성인 파라카세인 칼슘염(insolublecalcium paracaseinate)을 형성하기 때문이다.

레닌에 의한 응고물은 산에 의한 응고물보다 칼슘량이 많아 더 단단하다.

톡톡 정보

• 레닌(rennin)

송아지의 제4위에 존재하는 단백질 분해효소이며 최적 pH 3.4~3.8이고 카세인을 응고시키기 때문에 응유효소라고도 한다. 레닌은 약 40℃에서 효소작용이 잘 되며, 15℃ 이하 또는 60℃ 이상에서는 효소작용이 저하된다.

(3) 페놀화합물

채소나 과일, 차에 함유된 페놀화합물인 탄닌은 우유와 함께 조리할 때 응고가 일어난다.

(4) 염류

우유는 염류에 의해 카세인이나 알부민이 응고된다. 우유에 햄을 넣고 가열하면 응고되는데 이는 햄에 상당량의 염이 있기 때문이다.

Section 3 우유의 가공

일반적으로 목장에서 짠 것이기 때문에 살균되지 않은 상태를 생유(raw milk) 또는 원유라고 한다. 생유를 살균 또는 멸균처리하여 용기에 넣고 포장한 후 살균한 것을 시유(market milk)라고 한다.

우유의 일반적인 제조 공정은 다음과 같다.

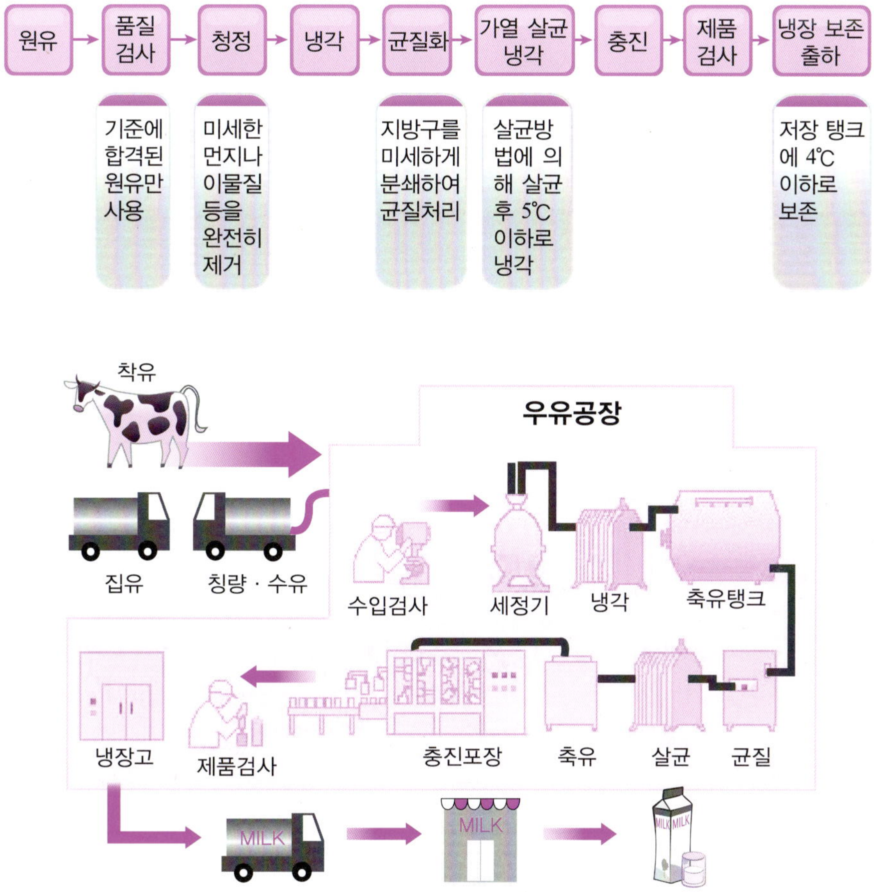

그림 16-2 우유의 제조 공정

1. 균 질

균질처리의 목적은 큰 지방구의 크림층 형성을 방지하는 데 있다. 균질화(homogenization)는 우유에 압력을 가해 작은 구멍으로 통과시켜 지방구를 미세하게 처리한다. 이렇게 하면 유지방이 골고루 분산되어 우유의 촉감이 부드러워지고 성분을 균일하게 하여 소화, 흡수가 잘된다.

균질화된 우유는 지방구의 표면적이 커지게 되어 산패되기 쉬우나 쉽게 응고하므로 소스 및 푸딩을 만드는 데 유용하다.

2. 살 균

살균방법은 온도와 시간에 따라 여러 가지 방법이 있다. 저온 장시간 살균법(Low Temperature Long Time Pasteurization, LTLT법)은 가장 오래된 살균방법으로 본래의 풍미가 남아 있으나 보존성이 떨어지는 단점이 있다. 고온 단시간 살균법(High Temperature Short Pasteurization, HTST법)은 고온으로 시간을 단축하여 살균한 방법으로 대량의 우유를 연속적으로 처리할 수 있는 장점이 있다.

초고온 순간 살균법(Ultra High Temperature, UHT법)은 우유 중의 영양소 손실을 최소화하고 살균효과를 극대화시킨 살균 방법으로 국내에서 가장 많이 사용하는 방법이다.

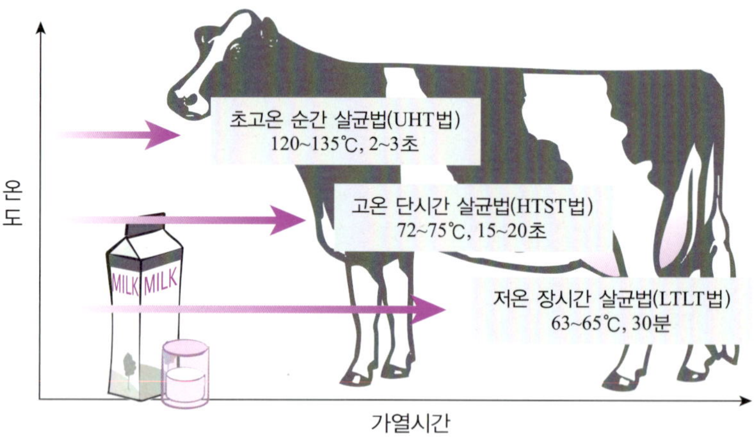

그림 16-3 우유 살균법의 종류와 특징

3. 강 화

우유가 가지고 있는 성분 중 성장발육 및 유지를 위해 필요한 영양소를 보강한 우유를 강화우유라고 한다. 지방 함량을 높인 우유, 비타민 A, D, 칼슘, 셀레늄 등을 강화한 우유가 있다.

4. 유제품

(1) 발효유(fermented milk)

발효유는 농축된 탈지유에 설탕과 유산균을 첨가하여 배양해서 만든 음료로 액상발효유와 농후발효유가 있다.

(2) 연유(condensed milk)

연유는 우유의 수분을 증발시켜 농축시킨 것으로 무당연유와 가당연유가 있다. 가당연유는 우유에 당을 첨가하여 농축한 것으로 저장성이 높고 제과제빵에 많이 이용된다.

(3) 분유(powdered milk)

분유는 생유를 농축 건조시켜 수분함량을 5% 이하로 만든 분말로 전지분유와 탈지분유, 조제분유 등이 있다.

(4) 버터(butter)

버터는 우유의 크림에서 지방을 분리하여 만든 것으로 80% 이상의 지방이 함유되어 있으며, 소금의 첨가 유무에 따라 가염버터와 무염버터로 나눈다. 버터는 냉장고 보관 시 흡착성이 강하므로 반드시 뚜껑을 닫거나 랩 등으로 밀봉하여 냉장고에 보관해야 한다.

(5) 크림(cream)

우유를 원심분리하면 유지방이 위로 뜨면서 황백색의 층이 생기는데 이것을 크림층이라 한다. 크림은 유지방 함량에 따라 디저트 조리에 이용되는 휘핑 크림(whipping cream), 커피의 풍미를 부드럽게 하는 커피 크림(coffee cream), 버터의 원료로 사용되는 플라스틱 크림(plastic cream)으로 구분된다.

크림은 독특한 향미를 주지만 산패되기 쉬우므로 냉장보관해야 한다.

크림의 종류는 유지방이 18~30% 함유된 커피 크림, 유지방이 30~36% 함유된 휘핑 크림, 유지방 함량이 78~81% 함유된 플라스틱 크림 등이 있다.

플라스틱 크림은 버터나 아이스크림 원료로 이용된다.

(6) 아이스크림(ice cream)

아이스크림은 원유와 크림에 설탕, 탈지분유, 유화제, 안정제, 향료 등을 첨가하여 동결시킨 유가공품이다. 아이스크림은 보통 아이스밀크, 아이스크림, 아이스셔벗, 아이스케이크 등으로 분류하며, 아이스밀크는 지방함량이 2% 이상, 아이스크림은 지방함량이 6% 이상 함유되어 있다.

(7) 치즈(cheese)

치즈는 우유에 유산균이나 레닌을 이용하여 응고시킨 식품으로 단백질, 칼슘, 비타민 A, 비타민 B군 및 무기질 성분이 많이 함유되어 있어 영양가가 높고 소화흡수가 잘 되는 발효식품이다.

치즈는 자연치즈와 가공치즈로 나뉜다. 가공치즈는 발효를 멈춘 것으로 맛이 변하지 않으나 자연치즈는 발효가 진행되는 것으로 한 종류의 치즈로 다양한 맛을 즐길 수 있는 장점이 있다.

치즈는 단백질과 지질의 함량이 높기 때문에 열에 민감하다. 높은 온도에서 장시간 가열 시 지방이 분리되면서 단백질도 응고되어 더 단단해진다.

톡톡 정보

- 치즈 제조 공정
  살균 → 냉각 → STARTER 첨가 → 혼합 → 응고
  → 유청 배제 → 성형 → 압착 → 가열 → 숙성
- 치즈의 맛
  치즈는 산지의 종류, 물과 기후에 따라 맛과 향이 다르다. 또한 발효과정에 관여하는 미생물이 다르므로 특정 지역에서 만든 치즈의 맛을 다른 지역에서 똑같이 흉내내는 것은 어려운 일이다.

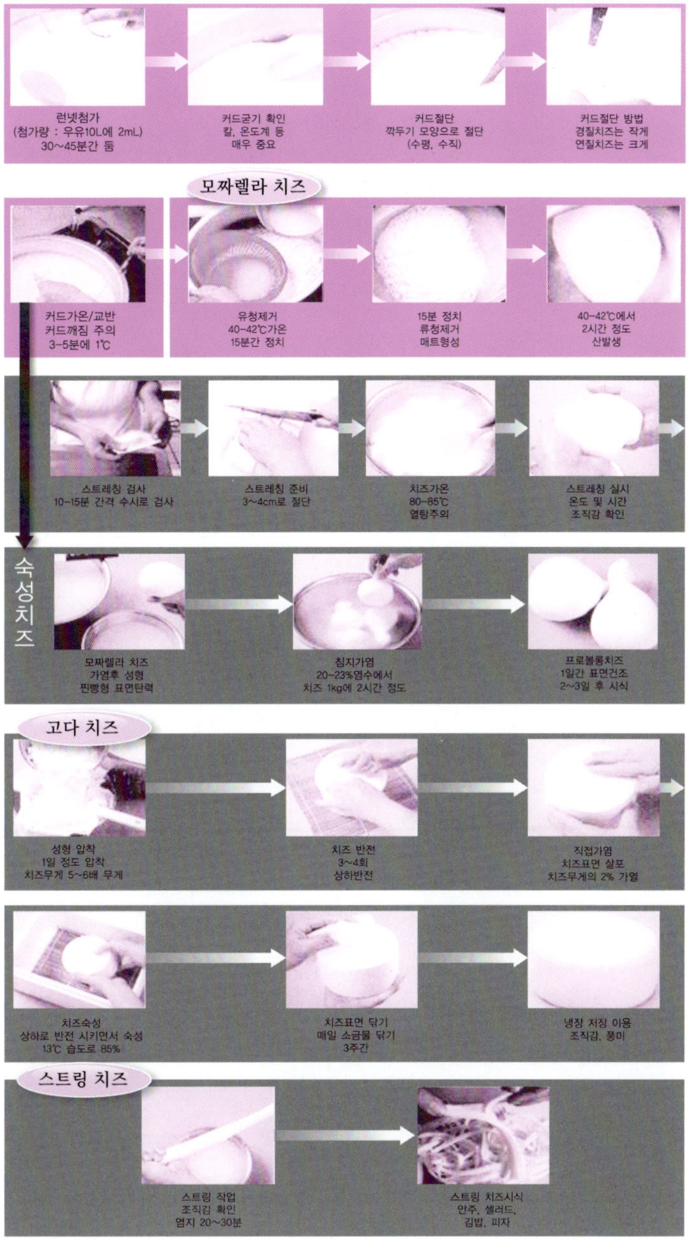

그림 16-4 치즈 만드는 법

표 16-1 치즈의 종류

분 류	치즈 명	특징
생치즈	 모차렐라 치즈 Mozzarella cheese	• 원산지 : 이탈리아 • regular mozzarella : 피자, 파스타에 많이 사용되고 녹는점을 이용해서 요리를 함 • fresh mozzarella : 버팔로(buffalo, 물소 젖)모짜렐라 치즈라고 하여 토마토, 바질과 잘 어울림
	 크림 치즈 Cream cheese	• 원산지 : 미국 • 지방 함량이 33% 이상 • 빵에 발라 먹는 치즈 • 카나페(canape), 드레싱, 치즈케이크에 이용
	 코티지 치즈 Cottage cheese	• 원산지 : 네덜란드 • 지방 함량이 8% 이하인 저열량 치즈 • 수분 함량이 많고 신맛이 있음 • 드레싱, 샌드위치 등에 사용
	 페타 치즈 Feta cheese	• 원산지 : 그리스 • 양젖, 염소젖, 우유로도 만듦 • 피클 치즈(pickle cheese)라고도 함 • 흰색으로 껍질이 없고 풍부하고 톡 쏘는 향미로 45~60%의 지방을 함유 • 샐러드에 많이 사용
	 보코치니 치즈 Bocconcini cheese	• fresh mozzarella를 2.5 cm의 지름으로 만든 덩어리 치즈 • 유청이나 물 안에 포장 • 전채요리에 많이 사용
연성 치즈	 브리 치즈 Brie cheese	• 원산지 : 프랑스 • 표면이 흰 곰팡이로 뒤덮여 있음 • 매우 부드러운 질감 • 과일, 레드와인과 잘 어울림
	 까망베르 치즈 Camembert cheese	• 원산지 : 프랑스 • 표면이 흰 곰팡이로 뒤덮여 있음 • 매우 부드럽고 감칠맛이 있음 • 과일, 레드와인과 잘 어울림

분 류	치즈 명	특징
연성 치즈	 림버거 치즈 Limburger cheese	• 원산지 : 벨기에 • 노란색에서 붉은 갈색의 껍질이 있고 강한 향미가 있음 • 미국, 독일에서 많이 생산 • 양파, 호밀빵, 흑맥주와 잘 어울림
반경성 치즈 (1~ 2개월 숙성)	 에담 치즈 Edam cheese	• 네덜란드의 대표적인 치즈 • 겉은 붉은색 또는 노란색 파라핀 코팅이 되어 있고 속은 옅은 노란색 • 40% 유지방을 함유하는 다용도 치즈 • 흑맥주와 잘 어울림
	 고다 치즈 Gouda cheese	• 네덜란드의 최고 대표적인 치즈 • 에담과 비슷한 맛이나 유지방이 48%로 질감이 더 크리미함 • 맥주, 레드와인, 호밀빵과 잘 어울림
	 체더 치즈 Cheddar cheese	• 원산지 : 영국 • 우유로 만든 단단한 치즈 • 흰색에서 오랜지 색까지 다양 • 향미는 부드러운 것에서 자극적인 것이 있음 • 소스나 수프 등에 많이 사용
경성 치즈 6개월~ 1년 이상 숙성	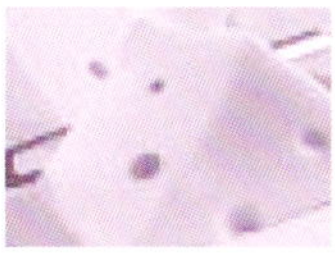 에멘탈 치즈 Emmental cheese	• 스위스의 가장 오래되고 중요한 치즈. 호두 맛 • 스낵(snack)부터 과일에 두루 이용 • 우유로 만들고 엷은 금색으로 구멍이 있고 밝은 갈색의 껍질이 있음
	 파르메산 치즈 Parmesan cheese	• 무지방 우유로 만든 단단한 치즈 • 단단하고 옅은 금색의 껍질이 있음 • 이태리의 파미지아노-레지아노가 최고급 • 숙성도에 따라 얇게 자를 수도 있고 가루 치즈로 만들 수 있음 • 피자, 파스타, 샐러드에 많이 사용

Chapter 17 조미료 및 향신료

Section 1 조미료

1. 조미료의 정의

조미료는 4원미라고 하는 단맛, 신맛, 쓴맛, 짠맛에 매운맛, 감칠맛을 식품에 더하여 고유의 맛을 상승시키거나 식품의 맛과 조화되어 새로운 맛을 내게 할 목적으로 사용되는 것이다. 이 중 쓴맛은 한계값이 가장 낮아 적은 농도에서도 맛을 느낄 수 있으며 단맛은 비교적 높은 농도에서 맛을 느낄 수 있다.

식품 품질의 척도가 되는 것은 영양소뿐만 아니라 맛과 향도 중요한 부분이다. 적당한 양의 조미료의 사용은 식품의 가치를 높여주는 역할을 한다.

톡톡 정보

- 맛의 한계값

  맛의 한계값 threshold value은 역치라고도 하는데 맛과 냄새 등의 물질을 감지할 수 있는 최소농도를 뜻한다.

- 조미료 넣는 순서

  분자량에 확산계수를 곱한 값이 큰 설탕 ⇒ 소금 ⇒ 식초 ⇒ 간장 ⇒ 된장 순으로 넣어야 조미료의 침투가 잘되어 좀 더 좋은 맛을 낼 수 있다.

1. 조미료의 종류

1) 소금

소금은 식품에 짠맛을 내게 하는 가장 기본적인 조미료일 뿐만 아니라 채소 절임이나 생선표면에 가해주면 탈수작용을 한다. 또한 미생물의 작용을 억제하는 방부작용, 녹색 채소를 데칠 때 색을 보존하는 등의 역할을 한다.

(1) 기능

① 음식의 간을 조절한다.

② 무기질의 공급원이다. (세포의 활동에 필요한 나트륨을 공급한다.)

③ 어류의 염장, 채소의 절임 등에 이용되어 탈수 작용을 한다.

④ 단백질의 응고, 탈수 작용 등 식품의 물리적 성질을 개선한다.

⑤ 단맛을 만나면 단맛을 상승시키는 역할을 하고 식초와 함께 사용하면 신맛을 부드럽게 한다.

⑥ 방부력을 지닌 보존료의 기능을 한다.

⑦ 녹색 채소를 데칠 시 1~2% 농도의 소금물에 데치면 녹색의 색소가 유지된다.

(2) 종류

① **천일염**(호렴)

염화나트륨(NaCl)을 80% 정도 함유한 정제되지 않은 소금이다. 염전에서 3%의 염분을 함유한 바닷물을 끌어들여 햇볕을 이용해 건조시키는 과정을 반복해 만든 소금이다. 2007년 이전에는 광물로 취급되어 식품제조 분야 등에서 사용이 허용되지 않았으나 현재는 식품공전에 식용소금으로 규정되어 식품제조 분야나 가정에서 음식을 만들 때 많이 사용되고 있다. 수분함량이 높고 Ca, Mg, SO_4 등이 포함되어 있다. 주로 채소나 생선 등을 절일 때 사용하거나 장이나 젓갈 등을 담글 때 많이 사용한다. 천일염에 포함된 Ca 등의 2가 이온이 펙틴과 결합, 채소를 절일 때 채소의 조직을 단단하게 하는 역할을 한다.

② 재제염(꽃소금)

90% 정도의 염화나트륨을 함유하고 있는 천일염을 정제하여 만든 소금이다. 색이 희고 결정이 고운 소금으로 가정에서 일반적으로 간을 맞추는 용도로 많이 사용된다.

③ 정제염

99% 이상의 염화나트륨을 함유한 재제염을 재 결정화시킨 소금이다. 순수한 염화나트륨만을 분리 · 정제하여 만든 것으로 식탁에서 음식의 간을 맞출 때 많이 사용한다.

④ 가공소금

소금에 식품첨가물 등을 가하여 가공한 소금으로 대표적인 것이 맛소금이다. 맛소금은 정제염에 MSG를 첨가하여 만든 것으로 음식에 짠맛 이외에 감칠맛을 부여해 주는 역할을 한다. 그 외에 구운 소금, 죽염 등이 있다.

그림 17-1 소금의 종류

2) 당류

음식에 단맛을 내기 위해 사용하며 설탕, 꿀, 조청 등이 대표적이다.

(1) 설탕

사탕무나 사탕수수에서 액을 추출하여 농축 · 원심 분리 · 정제 과정을 통해 얻어낸 것으로 주성분은 자당이다. 시판되고 있는 것으로는 흑설탕, 황설탕, 백설탕이 있다. 설탕의 역할은 음식에 단맛을 부여하고 식품에 보습, 방부, 색 부여 등의 역할을 한다. 캐러멜화 및 메일라드 반응에 의한 갈변반응을 일으키고 펙틴과 산이 있는 과일에 설탕을 넣으면 겔화하여 잼을 만들 수 있다.

(2) 꿀

현대에는 설탕이 대표적인 감미료이지만 설탕이 개발되기 전에는 꿀이 단맛을 부여하는 대표적인 감미료로 쓰였다. 꿀벌에 의해 꽃으로부터 모은 당액으로 당액 중의 설탕이 꿀벌의 타액에 포함되어 있는 효소에 의해 분해된 과당과 포도당의 혼합물로 전화되어 단맛이 강화된다.

꿀은 과당(fructose)의 함유량이 많아 설탕보다 단맛이 강하고 흡습성이 커 식품에 사용하면 촉촉함이 오래 유지된다.

그림 17-2 꿀과 꿀벌

(3) 조청(물엿)

조청은 전분을 맥아로 당화시킨 후 은근하게 고아 농축하여 고은 것으로 전분으로는 옥수수, 쌀 등이 쓰인다. 조청은 표백이나 정제과정을 거치지 않아 진한 갈색이 돌며 독특한 향과 여러 영양성분들이 다량 함유되어 있다. 음식에 독특한 향미와 윤기를 부여해 주어 조림 등에 많이 사용한다. 물엿은 조청의 전단계로 더 오래 조리면 조청이 된다.

(4) 올리고당(oligosaccharide)

글루코오스, 프룩토오스, 갈락토오스 등의 단당류가 2~8개 결합된 형태로 난소화성 프락토올리고당을 50% 이상 함유하고 있어 칼로리가 낮은 것이 특징이다. 천연감미료로 설탕의 대체효과를 지닌 올리고당은 장내의 비피도박테리아의 증식작용으로 정장작용을 촉진하고 충치예방 등의 효과가 있다. 오랫동안 가열하면 단맛이 감소하기 때문에 높은 온도로 조리하는 구이나 볶음요리에는 적합하지 않다. 장아찌나 나물을 무치는 용도로 사용하면 단맛과 윤기를 부여해 준다.

3) 식초

신맛을 나타내는 대표적인 조미료로 식초의 주성분은 초산이다. 식초의 종류로는 크게 양조식초와 합성식초가 있다. 양조식초는 주원료인 곡류, 과실, 주류를 발효시켜 제조한 것이고 합성식초는 빙초산이나 초산을 물로 희석하여 만든 것이다. 상큼한 신맛이 위액의 분비를 촉진하여 식욕을 돋우어 주고 살균력이 강해 식품의 부패를 지연하거나 식중독 예방에 도움을 준다.

식품을 담그거나 절이는 과정에서 보존력을 높여주고 소금의 짠맛을 부드럽게 상쇄시키는 작용도 한다. 천역색소인 안토시아닌 색소의 적색을 유지하는데 도움을 주고 pH를 낮춰 효소의 작용을 억제하거나 채소류의 갈변을 억제하는 기능도 가지고 있다.

생선의 비린내를 제거하는 기능도 있어 생선조림에 소량 넣으면 육질도 단단해지고 생선의 비린내도 없앨 수 있다. 생채, 무침, 생선조림, 수란, 장아찌를 만들 때 주로 사용되고 생선회를 먹을 때도 함께 이용하면 단백질이 응고되어 살이 단단하고 탄력이 있으며 살균과 방부효과도 얻을 수 있다. 무초절임을 만들 때 식초를 넣으면 무에 함유되어 있는 안토잔틴 색소와 작용하여 무의 선명한 백색 유지에 도움을 준다.

톡톡 정보

• 발사믹 식초(Balsamic Vinegar)

발사믹은 이탈리아어로 '향기가 좋다'는 의미로 향이 좋고 깊은 맛을 지닌 최고급 포도식초를 말한다. 발사믹 식초는 단맛이 강한 포도즙을 나무통에 넣고 목질이 다른 통에 여러 번 옮겨 담아 숙성시킨 포도주 식초의 일종으로 예전에는 '발사믹'이란 이름을 쓰려면 이탈리아 북부 모데나 지방에서만 나온 품종을 사용하여 그 지방의 전통적인 기법으로 만들어야 할 정도로 모데나 지방이 발사믹의 대표산지이다. 각종 샐러드드레싱 원료로 쓰이거나 스테이크 소스, 올리브유와 함께 식전빵을 먹을 때 이용되는 등 우리 식탁에서 다양하게 이용되고 있는 식품이다.

4) 장류

(1) 간장

우리나라 전통음식에 간을 맞추는 기능을 하는 가장 중요한 조미료로 18~20% 정도의 염도를 가지고 있다. 음식의 짠맛 이외에 감칠맛과 색을 부여하는 역할을 하며 진간장은 제조방법에 따라 양조간장, 산분해 간장, 혼합간장으로 분류된다. 또한 재래식 간장은 국간장으로 많이 사용된다. 진간장은 단맛과 감칠맛이 있어 조림, 구이, 볶음, 장아찌, 육포 등을 만들 때 많이 사용된다.

(2) 된장

재래 간장을 거르고 남은 건더기에 소금을 가한 후 숙성시킨 재래식된장과 콩에 밀이나 보리 등의 전분질을 가한 후 종국을 넣고 발효시킨 개량식 된장으로 나눈다. 10~15% 정도의 염도를 가졌으나 아미노산 중 글루탐산의 구수한 맛으로 인해 덜 짜게 느껴진다. 발효과정에 누룩균, 효모균, 젖산균 등의 미생물이 작용하고 숙성 중 균이 분비하는 효소에 의해 단백질, 전분, 지방이 분해됨으로써 아미노산, 유기산 등이 함유되어 단맛, 감칠맛이 풍부하다.

국이나 찌개의 간을 맞추는 용도로 사용되고 생선이나 육류 요리에 첨가하면 바람직하지 못한 냄새를 제거해 주는 역할을 한다. 오래 가열하면 좋은 향미성분이 휘발하고 쓴맛이 강해지니 주의해야 한다. 떫은 맛, 쓴맛, 신맛을 약화시키는 완충작용을 한다.

(3) 고추장

고춧가루, 메줏가루, 찹쌀가루, 엿기름을 넣어 당화시킨 후 소금을 첨가해 숙성시킨 것으로 전분이 가수분해 되면서 생성된 아미노산의 구수한 맛과 고춧가루의 매운 맛, 소금의 짠맛이 조화를 이루는 우리나라 전통 조미료 중 하나이다.

사용하는 곡류에 따라 찹쌀고추장, 보리고추장, 밀고추장 등이 있는데 전분의 종류에 따라 맛의 차이가 있다. 단백질, 비타민, 카로틴과 같은 영양성분이 풍부하고 생채, 나물, 조림, 구이, 찌개 등에 붉은 색을 내고 깊은 맛을 내는 용도로 많이 사용된다.

5) 감칠맛을 내는 조미료

감칠맛을 내는 조미료로 대표적인 것이 글루탐산나트륨과 핵산 조미료이다. 감칠맛은 맛난맛, 지미 또는 우마미라고도 한다. 감칠맛 조미료는 감칠맛뿐만 아니라 다른 맛 성분에 작용하여 음식의 맛을 증가시키는 효과가 있다.

(1) 천연 식품 중의 분포

① MSG

갈조류인 다시마에 다량 함유되어 있고 간장, 된장의 구수한 맛에 기여한다.

② GMP

표고버섯, 느타리, 송이버섯과 같은 말린 버섯에 많이 함유되어 있다.

③ IMP

멸치, 조개류, 가쓰오부시와 각종 육류에 많이 함유되어 있다.

(2) 글루탐산나트륨(MSG)

글루탐산에 나트륨이 결합된 염의 형태로 다시마의 열수 추출액으로부터 분리해서 얻는다. 향미증진제로 가공식품에 많이 이용된다.

(3) 핵산계 조미료

IMP와 GMP의 동량 혼합물로 리보핵산을 분리해서 얻거나 Purine nucleotide의 생합성균을 발효시켜 얻는다. MSG와 병용하면 맛의 상승효과가 있다. 이노신산(5′-IMP)과 구아닐산(5′-GMP)이 있는데 5′-IMP는 육류, 어류의 감칠맛 성분이고 5′-GMP는 버섯류의 감칠맛 성분이다.

Section 2 향신료

음식의 맛과 향을 내기 위해 쓰이는 향미를 가진 식물의 총칭이라 할 수 있다. 향신료는 채취 부위에 따라 스파이스(Spice)와 허브(Hurb)로 구분하기도 한다. 스파이스는 주로 식물의 씨, 줄기, 뿌리, 껍질, 열매 등으로 허브보다 향이 강하다. 허브는 식물의 잎, 꽃봉오리 등 비교적 부드러운 부분이다. 향신료는 식욕증진, 바람직하지 않은 냄새 제거, 타액의 분비 촉진으로 식욕을 증진시키고, 음식에 아름다운 색을 부여하거나 방부작용이 있다.

표 17-1 향신료의 기능

기 능	종 류	작 용
방향성	올스파이스, 넛맥, 계피	향기를 증진시킨다.
식욕 촉진	후추, 겨자, 고추	매운맛과 향으로 식욕을 촉진한다.
착색	심황, 레드페이퍼, 파프리카	식품에 색을 입힌다.
masking	마늘, 생강, 월계수잎	육류나 생선의 잡내나 비린내를 제거한다.

1. 스파이스(Spice)

(1) 올스파이스(allspice)

서인도제도와 중앙아메리카가 원산지. 올스파이스 나무의 미성숙 열매를 건조시킨 것으로 클로브, 계피, 육두구를 섞어 놓은 것 같은 맛이 나기 때문에 올스파이스

라 불린다. 향기롭고 톡 쏘는 듯한 맛을 나타낸다. 제빵에 쓰이거나 육류요리에 많이 쓰인다. 통째로 비프스튜 등에 사용하고 가루 형태로 수프, 소스, 카레, 소시지, 생선, 케이크, 쿠키 등에 사용한다.

(2) 스타 아니스(anise)

서아시아와 지중해 동부지방이 원산지. 팔각이라고도 불린다. 상쾌하고 달콤한 향을 낸다. 제과에서 맛을 내는데 많이 사용하며 열매인 아니시드에서는 감초맛이 난다. 지중해 지역과 아시아에서는 고기요리와 채소 요리에 많이 사용한다. 디저크, 케이크, 카레, 중국의 음식(오향장육) 등에 쓰인다.

(3) 넛맥(nutmeg)

육두구과 교목의 열매를 건조시킨 것으로 동인도제도 및 모로코제도가 원산지이며 한 열매에서 넛맥과 메이스(mace) 두 종류의 향신료를 얻는다. 열매(씨)의 인을 말린 것은 넛맥이고 씨를 싸고 있는 그물같은 빨간 종피를 말린 것을 메이스라 한다. 쏘는 듯한 독특한 향과 약간의 단맛을 가지고 있다. 제과 제품을 만들거나 푸딩, 크림류, 육류요리, 소시지 등의 육가공 식품 제조, 소스 등에 사용한다.

(4) 시나몬(Cinnamon)

계피나무 안쪽 껍질을 건조한 것으로 스리랑카 등이 주생산지이며 방향과 약간의 감미가 있다.

두께가 얇고 향기가 좋은 것이 상품이다. 페스트리, 푸딩, 과자 제조, 음료, 소스, 케첩 등을 제조할 때 사용한다.

(5) 정향(Clove)

인도네시아가 원산지. 꽃이 개화되기 전 꽃봉오리를 말려서 만들며 육류요리에 많이 사용한다. 주방향 성분은 유제놀(eugenol)로 말린 꽃봉우리는 그대로 또는 가루 형태로 사용하며 파우더는 과자제조에 많이 사용된다. 감칠맛과 매운맛이 있으면서 상큼한 맛도 있어 중국요리에도 많이 사용한다.

(6) 심황(turmeric)

생강과에 속하는 향신료의 일종으로 인도가 원산지이며 동아시아, 아프리카 등에서 재배 된다. 이용 부위는 뿌리로 커리와 겨자의 색과 향을 내는 역할을 한다. 커리 파우더, 조미료, 피클, 생선요리, 달걀요리에 많이 사용되며 쓰면서도 매운맛이 난다.

(7) 샤프란(saffron)

아시아가 원산지이나 남아프리카, 스페인, 프랑스, 이탈리아 등에서도 자란다. 꽃의 암술을 말려서 사용하며 물에 우려내면 진한 노란색으로 씁쓸하면서 달콤한 맛과 독특한 향이 난다. 자극적인 향, 꽃향기, 사향향, 흙냄새, 쓴맛, 약품취 등 복합적인 향미가 있다. 소스, 수프, 쌀, 감자요리 등에 이용된다. 스페인 전통음식인 빠에야(paella), 프랑스의 부이야베스 등의 요리에 사용된다.

(8) 후추(pepper)

동남아시아가 원산지로 육류, 어패류의 기본 향신료로 맛을 돋우거나 누린내, 비린내 등의 냄새를 제거해 주므로 거의 모든 요리에 사용된다. 매운 성분은 피페린(piperine)과 차비신(chavicine)으로 색상에 따라 블랙, 화이트, 그린 등으로 나뉜다. 블랙페퍼는 미숙한 열매를 건조시킨 것이고 화이트페퍼는 성숙한 열매의 겉껍질을 제거한 후 건조한 것으로 블랙페퍼에 비해 연한 풍미가 특징이다. 블랙페퍼는 주로 육류요리에 쓰이고 화이트페퍼는 소스, 채소, 생선요리에 쓰인다.

2. 허브(Herb)

녹색 풀을 의미하는 라틴어의 Herba에서 유래된 말로 향기가 있는 식물의 총칭이 되었다. 향기가 좋고 흡수력이 좋아 인체의 면역 기능을 강화하고 방부, 소독살균, 소화, 강장, 거담, 소염제로도 사용되는 등 인체에 유익한 영향을 준다.

(1) 월계수 잎(Bay leaf)

건조된 형태로 주로 사용하며 달고 강한 독특한 방향을 가지고 있어 어느 요리에나 사용이 가능하다. 식욕촉진, 물미, 방부력으로 스톡이나 소스, 절임 식품 등에 다양하게 사용된다.

(2) 딜(dill)

식물 전체에서 향이 나고 강한 풍미를 가지며 유럽이 원산지로 신맛이 강한 요리에 많이 쓰인다. 각종 해산물 요리나 닭고기요리, 화이트소스, 연어요리, 피클, 샐러드, 수프 등을 만들 때 사용한다. 특히, 해산물 요리에 폭넓게 이용된다.

(3) 레몬그라스(lemon grass)

레몬향이 나는 식물이며 줄기의 질긴 껍질을 벗겨내고 부드러운 부분을 사용한다. 뿌리에 가까운 부분일수록 향이 강하고 스프, 스튜, 카레, 소스 등을 만들 때 사용한다.

(4) 로즈마리(rosemary)

지중해 연안에서 자생하는 잡목의 일종으로 상쾌하고 시원한 향이 나는 허브로 주로 잎을 사용한다. 향미가 강하다. 양고기, 돼지고기 등의 냄새가 강한 육류요리나 생선요리, 수프, 구운 감자 요리 등에 사용된다. 생것 그대로 또는 말려서 갈아서 사용한다.

(5) 바질(Basil)

원산지는 동아시아와 유럽이며 박하과에 속하는 식물로 일반 박하보다 자극적인 맛이 약하고 상큼한 향이 난다. 토마토와 잘 어울려 토마토요리에 많이 사용된다. 수프, 소스, 스파게티, 피자, 샐러드 등에 다양하게 사용된다. 이탈리아 요리에서는 빠질 수 없는 식재료이다.

(6) 오레가노(Oregano)

이탈리아 요리나 멕시코 요리에 많이 사용되며 토마토와 잘 어울려 토마토 요리에 많이 사용된다. 민트과 식물로 톡 쏘는 상쾌한 향과 쓴맛이 있는 것이 특징으로 육류, 생선, 채소 요리 등에 폭넓게 사용된다.

(7) 타임(Thyme)

백리향이라고도 한다. 잎이나 꽃순을 말려서 사용하며 자극적인 향미가 강하다. 마늘, 토마토 등과 함께 육류 요리에 많이 사용된다. 치즈나 술에 첨가하면 감칠맛을 더해주고 피클, 샐러드에도 많이 이용된다.

(8) 마조람(Majoram)

원산지는 지중해로 영국, 프랑스, 독일 등 유럽에 널리 분포되어 있다. 마조람의 말린 잎과 꽃봉오리가 달콤한 박하 향을 내서 꽃박하라고도 한다. 감자수프, 프아그라, 달팽이소스, 햄 등을 만들 때 다양하게 사용된다.

(9) 코리앤더(Coriander)

아시아, 프랑스 남부, 멕시코 등지에서 자란다. '고수' 라고도 불리며, 중국, 동남아시아 요리에서도 친숙하게 쓰이는 재료이다. 향이 매우 강해 사용 시 양을 조절해서 사용해야 한다. 코리앤더의 잎과 줄기만을 가르켜 실란트로라 칭한다. 동남아시아 요리에서는 샐러드, 육류요리, 쌀국수 등에 이용되며 남미요리에서는 샐러드 소스에 사용된다.

참고 문헌

- 강근옥 외 4인, "조리과학 이론 및 실험", 효일문화사, 2004.
- 김완수 외 3인, "조리과학 및 원리", 라이프 사이언스, 2004.
- 농촌진흥청 농업과학기술원 농촌자원개발연구소, 식품성분표(제7차 개정판), 2006.
- 두산백과사전, EnCyber & EnCyber.com
- 문수재 외 1인, "식품학 및 조리원리", 수학사, 1999.
- 문수재, 손경희, "식품학 및 조리원리", 수학사, 2001.
- 박인숙 외, "식품학", 지구문화사, 2012.
- 배영희 외 5인, "조리응용을 위한 식품과 조리과학", 교문사, 2003.
- 사마키 타게오, 이나야마 마스미, "부엌에서 알 수 있는 거의 모든 것의 과학", 휘슬러, 2004.
- 손정우 외 4인, "조리과학", 교문사, 2005.
- 송주은 외 2인, "최신조리원리", 백산출판사, 2001.
- 송태희 외 4인, "이해하기 쉬운 조리과학", 교문사, 2011.
- 신말식 외 5인, "식품과 조리과학", 라이프사이언스, 2001.
- 안신정 외 2인, "새로운 감각으로 쓴 조리원리", 백산출판사, 2009.
- 오석태 외 4인, "고급 서양요리", 지구문화사, 2010.
- 오혁수, "알기 쉬운 식품학개론", 백산출판사, 2007.
- 월간 파티시에, "빵 · 과자 백과사전", 비엔씨월드, 1992.
- 윤계순 외 5인, "새로 쓴 식품학 및 조리원리", 수학사, 2008.
- 이경애 외 6인, "식품학", 파워북, 2008.
- 이주희 외 7인, "과학으로 풀어 쓴 식품과 조리원리", 교문사, 2008.
- 이혜수 외, "조리과학", 교문사, 2001.
- 정현숙 외 3인, "새로운 조리과학", 지구문화사, 1998.
- 조경련 외 6인, "이해하기 쉬운 식품재료학", 파워북, 2017.
- 조신호 외 4인, "식품학 개정판", 교문사, 2008.
- 피터 바햄, "요리의 과학", 한승, 2004.
- 한국식품조리과학회, "식품조리과학용어사전 개정판", 교문사, 2007.
- 홍진숙 외 6인, "식품재료학", 교문사, 2005.
- 홍태희 외 5인, "식품재료학", 지구문화사, 2011.
- http://www.mongsanporesort.co.kr
- https://namu.wiki
- http://bo-hum.tistory.com
- http://www.namyangi.com
- http://vn-nina.all.biz/ko/
- http://www.gelcandleshop.co.kr
- http://bigs.mk.co.kr
- http://korean.alibaba.com
- http://ko.aliexpress.com

찾아보기 (INDEX)

ㄱ

가열조리법 29
각설탕 cube sugar 83
갈기 grinding 25
갈변현상 120
갈변현상 browning reaction 64
갑각류 199
강력분 hard wheat flour 59
건열조리법 32
고초균 Bacillus subtilis 101
과당 fructose 83
과산화물가 178
교질용액 12
구약감자 77
구연산 cirtric acid 109
그릴링 grilling 33
글루코만난 glucomannan 77
글루탐산 glutamic acid 155
글루텐 형성 61
꿀 honey 84
끓는 점 boiling poing 11
끓이기 boiling 30

ㄴ

납두균 Bacillus natto 102
냉각 cooling 26
냉동 freezing 26
녹변현상 227

ㄷ

다지기 mincing 25
당밀 malasses 84
대두유 soybeen oil 171
대류 13
데치기 blanching 32
덱스트린 dextrin 42
돼지감자 78

ㄹ

라드 Lard 172
레닌 rennin 235
레스베라트롤 resveratrol 113

ㅁ

마 77
마가린 margarine 174
마이야르 반응 81
만니톨 mannitol 151, 155
머랭 229
메이플시럽 maple syrup 85
무정란 220
물엿 corn syrup 84
뮤신 mucin 77
밀기 stretching 25

ㅂ

박력분 soft wheat flour 59
발연점 176
버터 butter 171
베이킹파우더 baking powder 67
복사 14
복합조리법 36
분당 powder sugar 83
분질감자 mealy potato 71
브레이징 braising 36

브로일링 broiling 33

ㅅ

사과산 malic acid 109
사후경직 186, 204
산가 177
산패 방지법 178
생식조리법 28
소르비톨 sorbitol 151
송로버섯 truffle 168
쇼트닝 shortening 174
수소이온농도 pH 52
수화 hydration 50
스크램블 에그 229
스터 프라잉 stir frying 35
스테비오사이드 stevioside 86
스튜잉 stewing 37
시머링 simmering 30

ㅇ

아밀로오스 amylose 42
아밀로오스 amylose 48
아밀로펙틴 amylopectin 42
아밀로펙틴 amylopectin 48
아스파라긴산 aspartic acid 155
아스파탐 aspartame 86
안토크산틴계 anthoxanthin 137
야 콘 79
어는 점 11
어류 fishes 198
어유 fish oil 172
에틸렌 ethylene 119
연채류 mollusks 198
연화방법 188
오메가 지방산 174
오믈렛 229
옥수수유 corn oil 169
올리고당 oligo saccharide 85
올리브유 plive oil 171
요오드가 177
용해 응고 158
우지 beer tallow 172
유당불내증 105
유당 lactose 83
유정란 218
유청단백질 whey protein 233
융점 189
으깨기 mashing 24
이수현상 synersis 159
이액현상 159

ㅈ

자가소화 205
저온장애 115
전도 13
전분의 노화 52
전분의 호화 50
전화당 invert sugar 84
조개류 shellfish 199
주석산 tartaric acid 109
중력분 all purpose flour 59
지지기 pan frying 35
찌기 steaming 32

ㅊ

참기름 sesame oil 171
초단파조리 microwave cooking 37

ㅋ

카로티노이드 carotenoid 136
카사바 78
카세인 casein 233
캐러멜 반응 caramelization 81
캐러멜 caramel 87
캡사이신 capsaicin 103
커스터드 229
코셔 고기 185
콜로이드 colloid 51
클로로필 chlorophyll 133

ㅌ

타피오카 tapioca 78
테트로도톡신 tetrodo toxin 203
토란 76
튀기기 deep frying 36

ㅍ

팜유 palm oil 171
팽윤 swelling 50
포도당 glucose 83
포칭 poaching 30, 31
프로토펙틴 protopectin 124
플라보노이드 flavonoid 137
피토케미칼 phytochemical 108

ㅎ

할랄 고기 185
해동 thawing 27
호모젠티스산 homogentisic acid 77
호정화 dextrinization 54
화학적 팽창제 67
황국균 apergillus oryzae 101
황설탕 yellow sugar 82
흑설탕 brown sugar 82
흡수 팽윤 158

INDEX

CA 저장법 128
Compressed yeast 압착이스트 66
DHA docosahexaenoic acid 202
EPA eicosapentaenoci acid 202
Liquid yeast 액체이스트 67
Starter 스타터 66
TBA가 thiobarbituric acid value 178

메뉴개발을 위한
알기쉬운 조리원리

2019년 3월 8일 초판 발행
2023년 8월 25일 수정판 발행

지은이 • 안미령 · 유주연 · 전태연 · 강병남 · 박춘호
이나겸 · 이선영 · 이윤정 · 황경희 · 황보미향
발행인 • 주병오 · 주민기
발행처 • ㈜지구문화
JIGU CULTURE Co.Ltd
주 소 • 경기도 파주시 회동길 209
파주출판문화정보산업단지
영업부 • 031－955－7566 · 7577
편집부 • 031－955－7731
F A X • 031－955－7730
홈페이지 • www.ji-gu.co.kr
전자우편 • jigupub@hanmail.net
등록번호 • 1979년 7월 13일 제 9－57호

ISBN 978－89－7006－364－5 가격 : 25,000원